地方志災異資料叢刊

第二編

19

于春媚　賈貴榮　編

國家圖書館出版社

第十九冊目録

【光緒】石門縣志

（清）余麗元等纂修

清光緒五年（1879）刻本

祥異

吳

黃武六年語兒鄉民生子墮地即語水經注浙江又東逕禦兒鄉萬善歷曰吳黃武六年正月獲彭綺是歲由拳西鄉有產兒墮地便能語云天方明河欲清鼎脈折金乃生因是詔為語兒鄉非也禦兒之名遠矣蓋後人因舊地名穿鑿附

宋

宣和二年九月戊午夜雞齊鳴洪志時語兒鄉數十里雞同時鳴越二日庚辛邑市亦然明年春方臘寇經崇德鄉兵皆退保閭里故禦兒鄉無虞惟邑市極[illegible]然雞均夜鳴吉凶或異識者以時日推之酉雞屬金兵兆也火克金故與庚辛日不同

建炎四年春金兵犯境邑市遭燬

隆興元年八月邑大水文獻通考浙東西州縣大風水越蘇湖又崇德縣爲甚

淳熙十五年張氏家麥化爲蝶洪志時農婦張氏家貧用麥爲飯久而怨天其鄰語之曰此皆五穀也得食亦可充飢何怨爲婦方取麥晨炊悉化爲蝶自歸飛去婦遂苦心痛數日而死

元

延祐四年泮池蓮一莖二花洪志是年俞鎮鄉舉第一人咸先兆云

至順元年夏秋恆雨大風害稼袁府志至順庚午自夏至秋恆雨閏七月郡境大雨烈風崇德尤甚壞民田洪志自夏五月至秋舉目罕見日閏七月大雨十日震風夜作火人大恐知州盧禮猶齋待旦袖香往浮屠寺叢篆拜伏中庭禱于天風雨立止

至正四年苜蓿遍野洪志時儒家釜出見語諸子曰此地當有兵戈之擾至丙戌春張思徽恩

十六年五月苗兵過境男婦多被俘戮叛寇嘉興攻崇德民果受敵

明

景泰五年正月大雪洪志雪二旬不止間有黑花凝積深丈餘鳥雀盡餓死是年夏淫潦傷禾

六年夏旱洪志斗米百錢飢民死者甚衆

成化十三年正月五日大雪洪志時復雷震十一月九日大雷雨洪志前一日冬至

十四年十二月二日東南方龍見洪志其龍凡掛十一處

十五年六月十日夜彗星見于府志彗流如火曳尾長五六尺移時滅九月二十日地震洪志自申至酉時始定

二十一年春黑眚見洪志月餘而息

宏治元年十二月二日虹見夜雷四日夜雷電大雨

十一年六月十一日水溢洪志時無風雨河水忽湧高二三尺池沼皆然

十八年九月地震生白毛洪志十八日夜地大震居民房屋搖動次日地生白毛

正德六年五月大疫

八年十二月五日甘露降洪志霜凝樹枝狀亦露味甘如飴

九年七月蝗不爲災嘉禾生洪志時九都蝗飛食苗知縣洪異率父老至田所責禱遂息後禾生一本數穗

十年六月十八日夜暴雨洪志須臾水漲數丈至渰民居翌日始退

十二年十一月朔雷震洪志時子丑刻是月大雪至閏十二月止

嘉靖八年六月大蝗 靳志十七日蝗自西北來蔽天遮日止下蘆竹食葉始盡

十一年六月大風雨龍見 靳志風自西南來發屋拔木晝晦大雨如注壞縣治前民舍壓死二十餘人

十四年十月八日大雷風雹

十五年八月龠氏婦姙生九犬

二十二年大旱苗槁

二十三年夏秋旱民大饑

二十四年蝗民大饑

二十六年七月不雨至十二月二十日始雨

二十七年崇德鄉甘露降八月虎入一都十圖 靳志食男婦三人

三十三年四月二十二日洲錢雨血蘄志洲錢西廟簷滴如雨五月八日倭寇犯境蘄志倭由海甯石墩村至邑市殺六人燒民居七十餘家六月洲錢民家屠一豕死而復走耿志毛髮盡去將刳其腹豕忽躍起躑躅百餘武而撲十三都李樹生王瓜數寸按彭云李樹生王瓜百姓無人家時邑頻遭倭厄

三十四年正月六日倭寇內附俘戮甚衆蘄志倭大舉入寇攻破城邑劫掠金帛數十萬俘戮男婦二千餘人按明史世宗本紀嘉靖三十四年春正月丁酉朔倭陷崇德攻德清此云正月六日從蘄志

三十六年正月二十六日雷震崇福寺碎其二柱

三十八年四月二十三日地震

四十年五月恆雨蘄志五月初旬至九月終止水溢淹禾民廬多沒歲大飢

四十三年十二都大雹

隆慶元年三月甘露降

二年正月輪風大揚 靳志時民間訛傳欽選宮女一時嫁娶殆盡 四月大雹

三年五月雨中間雹

萬歷五年十一月長星見 靳志長十餘丈光芒如雪月餘始滅

七年三月十都雨血八月太白晝見

八年閏四月九都雨雹五月大水淹禾九月彗星見在翼軫間

十二年正月十三日地大震

十五年夏秋大水害稼 靳志低鄉無收七月廿一日雨如注大風拔木木皮吹裂如刀括然

十七年夏大旱 靳志運河涸坼野無青草五穀不登民從遠方市菽豆小麥黑豆蕎麥餬其口咽糟

棟茹樹皮賣妻鬻子餓莩載道五月十九夜城中大火靳志起自永安橋南而春風樓西而察院行臺及縣譙樓西曹房俱燬凡燒民居二百餘家相傳見一金甲神執杖揮之乃止復有火飛墮縣庫庫房燬

十九年夏石門灣大火靳志潘尚書坊接待寺俱燬

二十二年元旦雷雨六月十日龍見十都靳志時鄰邑無雨惟崇德大雨

二十四年夏旱秋有年靳志周令應秋赤日中步禱得雨士民作甘雨歌有年

二十五年四月八日蚍書見石門靳志在市民家樓板上計二十字如蟲篆不能識耿志明年夏秋間夜有祟壓人如承百觔重石力掙不起家戶以石灰手印印門不能禦有從枕上得紙人紙馬者

二十九年六月霆震縣學[illegible]毀

三十二年十一月九日地震

三十四年十月虎入十都傷數人舊志虎踞某氏廡旬日而去

三十五年五月十二夜城中大火舊志起自橫街南至太平橋北至望京宣化兩橋西至崇福寺橋南街口燒民居五百餘家

三十六年春西南水門有羊怪新志民家乳一羊兩頭六腳二尾夏大雨水新志四五月間大雨如傾者徹五十晝夜田圩淹沒農家以門扇堤之五月十九夜餘杭南湖塘決一時水漲數尺四望無涯竈沉蛙產廬舍俱傾田秧腐爛蓋二百年來未有之災也一派檢勘災傷蠲請錢賑復多方區畫以蘇民困焉

三十八年十二月五日城南火新志火勢乘風甚烈焚數十家發預備倉穀卹之

四十八年七月彗星見九月縣堂災知縣陳心得死焉鄺志

夾死者數十人陳令心得同遭害

天啟三年十二月二十二日地大震

崇禎元年七月二十三日大風拔木于府志謂颶風鄺志海水溢塘民死數萬

三年夏秋大疫

八年二月朔日赤無光秋蝨

九年六月五日太白晝見

十三年春雨雪兩月五月十三日大雨水鄺志一時水溢舟行高岸田禾淹死民不聊生秋米價涌貴海甯許志米一石值四金

十四年六月旱有蝗鄺志蝗自西北來障日蔽天食禾幾盡

十五年二月二十三日河水溢民大饑袁府志壬午大饑斗米四錢人食草

木路莩相望語兒鄉有食人者鄺志盜賊蜂起餓莩載
道甚至殺人充食時王郡守孫司李在縣徵糧多枚斃

十六年三月甘露降鄺志自二十六日至三十日連朝俱有味之如飴　四月二十八日大風雨龍見鄺志起于邑西南呂氏墳拔木壞屋　六月大旱禾稿鄺志運河拆裂田禾盡枯男婦哀號祈禱閱兩月始雨

國朝

順治元年五月不雨至十一月十五日乃雨鄺志河底起塵曉禾枯槁道殣相望

二年七月十四日大風水溢鄺志一日一夜水滿五尺風拔大木數百本　資福院僧鋸木中有太平二字汪敬淑水曹清暇錄石門資福院僧鋸木爲水車解開樹時內一株有太平二字厚五六寸皆透字黑色宛然墨痕遠近聚觀

五年四月二十七日暴風至九月大疫鄺志民間死者無算

七年十月十四日戌時有黑氣自西亙東長百餘丈

八年六月二日風雨龍見大木斯拔八月穀上生花鄺志如孛羅狀

九年二月十五日地震二十六日酉時雷震鄺志一時擊死者三人一在東田村一在羔羊村一在錢林寺

十年四月朔甘露降鄺志至初三日止

十一年七月泮池並頭蓮生鄺志鍾朗解元之兆

十三年六月十五日戌時大星隕鄺志初白色後赤色自東至西見者驚愕

十四年六月大風民居多壞鄺志七月初二日有猪怪八月間妖人翦紙爲猫鼠形夜

深壓人爪傷面目各戶鳴鑼壓勝兩月乃息

十八年五月李樹生王爪（鄭志長二寸有子）六月二十七日語兒鄉陳氏婦生子頭有角（鄭志語兒鄉陳姓者產男頭生一角眼居額上聲似雞啼父母驚駭埋之）

康熙二年大有年

三年十一月彗星見東南

六年正月二十五日長星見（府志正月二十五日至二十八夜長星竟天越三日太白晝見）

七年六月八日雨白毛如棉

八年十一月桃生華

九年正月二十八日戌時天鼓鳴

十年三月十六日微雨雪酈志桑葉損

十二年大有年嘉興楊志斗米四分

十九年九月長星見西北方酈志四閱月而沒

二十七年六月十八日未時日旁有五色雲環繞耿志俄頃卽散人稱日華

四十七年夏恆雨滲禾饑

五十四年玉溪鎮北嘉禾生一莖雙穗

五十九年夏大旱饑

六十一年旱疫大饑

雍正二年七月十九日大風雨海水溢入內河耿志河水咸如滷不可食

五年大有年

八年十一月二十八日地震

十一年三月雨雹傷麥

乾隆十七年四月四日地震

二十二年夏旱米貴桐鄉李志石米三千四百有奇

二十七年十月玉溪鎮火耿志延燒百有餘家

三十七年八月十一日大雨耿志自辰至午水漲丈餘

三十九年大有年

四十三年冬桃李華

五十一年春大饑桐鄉李志石米五千錢

嘉慶三年十月二十八日夜衆星交流如織

十六年七月長星見耿志三閲月而沒

十九年夏大旱饑耿志斗米五百餘錢

道光元年四月朔五星聚

三年夏秋大澇民大饑粒米無穫倉廒不開

十二年大雨水米價騰貴斗米錢六百九十文

十九年九月六日地微震

二十一年九月二十四日立冬雷鳴十月大雪是月二十九日雨雪

至十一月初六夜雪大如木棉花飛下天明視之門外深五六尺許街道壅塞停市數日房屋有壓倒者菜麥苗俱損積雪在陰面者至次年二月始消盡

二十二年十一月二十一日冬至雷鳴是日大燬夜半雷雨大作次日菜花豆花齊開

二十九年夏大澇民大饑四月間陰雨連綿至閏五月十四日大雨如注計有旬日河水溢岸平地湧水數尺一望如湖面竈沈蛙產舟華岸上秧苗淹腐倉厫不開是年鄉試改九月

三十年九月雨白毛以手承之則逕而膩歷二時始止

咸豐元年夏地微震

二年十一月六日戌時地震

三年三月水溢時在午刻天氣晴朗河水忽涌高數尺池沼皆然移時即平七日亥時

地大震房屋撼動有聲次日午又微震

六年六月彗星見在翼軫間

九年夏長星見長數丈光如電黃昏從東北起漸入西南至二鼓不見月餘始沒七月間每晚城西南闕有聲如潮數夜始息俗謂城隳又見黑雲宛如棋布

十年三月十三日雪在清明節後積雪數寸夏彗孛見在北斗旁七光甚微月二十四日粵寇犯境踞城至八月朔退四鄉擄掠俘戮甚衆

十一年二月十四日粵寇復犯境賊毀東南半城移築舊運河西踞城至同治三年三月朔賊盡退

同治元年夏大疫

十年六月十六日戌時天裂正北方

十一年八月十九日地震

十三年八月有星孛於紫微十一月朔日中有黑子

光緒二年六月十三日颶風至十四日巳刻止民居傾圯間有傷人二十八日太白晝見兩閱月而沒是年五月間有邪術翦人髮及雞毛至七月驕紙爲祟乘夜壓人自北而南民間以鳴鑼鎮之至八月始息

按祥異以簡潔爲主耿志所載有無關休咎者槪行刪去至新采數條亦必酌錄以免繁蕪

寺觀

廣法寺俗稱東寺在縣東三百步唐咸通九年建名修證院宋治平初改今名建炎四年邑遭兵火寺巋然獨存縣寄治於此者二十餘年黃令楊創立縣治僧如琳以

【同治】湖州府志

(清)宗源瀚、郭式昌修
(清)周學濬、陸心源纂

清同治十三年(1874)愛山書院刻本

湖州府志卷四十四

前事畧

祥異

漢惠帝五年夏大旱太湖涸太湖備攷建武十四年會稽大疫後漢書光武紀永元十五年丹陽郡國二十二並旱或傷稼續漢書五行志注引古今注元初六年四月會稽大疫延光二年七月丹陽山崩四十七所續漢書五行志陽嘉二年吳郡會稽饑荒後漢書順帝紀建和元年二月荆揚二州人多餓死後漢書桓帝紀

吳赤烏十三年八月丹陽句容及故鄣寧國諸山崩鴻水溢三國志吳主傳

○按舊志引冊府元龜黃龍三年夏吳興野蠶成繭大如卵攷吳主傳不云吳興且是時未立吳興郡

太平元年八月朔大風拔木太湖溢平地水高八尺太湖備攷孫休時烏程人有得

因病及差能以響言者言於此而聞於彼自其所聽之不覺其聲之大也自遠聽之如人對言不覺聲之自遠來也聲之所往隨其所向遠者不過十數里其鄉人有責息于外歷年不還乃假之使爲責讓懼以禍福負物者以爲鬼神即顛倒畀之其人亦不自知其所以然也孫皓時常歲無水旱苗稼豐美而實不成百姓以饑闔境皆然連歲不已 晉書五行志

晉太康元年地震 烏青志 四年揚州大水 晉書武帝紀 九年正月吳興地震 晉書五行志 元康五年揚州大水六年五月揚州大水八年九月揚州大水 晉書惠帝紀 永嘉四年四月江東大水建興中江南謠歌曰訇如白坑破合集持作甒揚州破換敗吳興覆瓿甊其後沈充將其黨還吳興宣軍蹤之蹈藉郡縣充父子授首黨與誅者以百數 晉書五行

志建武元年揚州大旱太興二年五月荆揚蝗晉書元帝紀吳興無麥禾大饑太甯元年五月吳興大水咸和四年七月吳興大水晉書五行志○孫志又有永昌二年大水即太甯元年事復誤咸康元年二月揚州諸郡饑大旱晉書成帝紀二年四月戊午甘露降吳興武康縣庚申又降武康宋書符瑞志興甯元年四月甲戌揚州地震湖瀆溢太和六年六月吳興大水稻稼蕩沒黎庶饑饉晉書五行志咸安二年三吳大旱人多餓死甯康二年三吳水晉書孝武紀三年郡中甘露屢降錢安何志太元六年六月揚州大水晉書孝武紀吳興長城縣夏架山有石鼓長丈餘面徑三尺所下有盤石爲足鳴則聲如金鼓三吳有兵至安帝隆安中大鳴後有孫恩之亂晉書五行志元興元年七月大饑人相食吳郡吳興戶口減半又流奔而西者萬計吳興備志

宋元嘉三年閏正月己丑甘露降吳興烏程太守王韶之以聞 宋書符瑞志○按舊志作二年誤 七年十一月太湖溢穀貴民饑 太湖備攷 吳興大水 文獻通攷 八年五月揚州諸郡旱 宋書五行志 十年烏程有白鷰見太守袁愍道表進 張志 十二年六月丹陽吳興大水京邑乘船 宋書五行志 十三年二月甘露降吳興武康蘆道益家園樹九月己酉會稽郡西南向曉忽大光明有青龍騰躍陵雲久而後滅吳興諸處並以其日同見光祿揚州刺史彭城王義康以聞 宋書符瑞志 十九年二十年白鷰兩見于吳興 吳興備志 二十年七月吳興郡後池芙蓉二花一蔕太守孔山士以聞 宋書符瑞志 二十九年吳興東遷孟慧度婢蠻與狗通好如夫妻彌年 宋書符瑞志 孝建二年三吳民饑 宋書孝武紀 三年七月庚午嘉禾生吳興武康 宋書符瑞志 大明元年五月吳興大水民饑 宋書孝武紀 五

年四月辛亥甘露降吳興安吉乙卯甘露降吳興烏程太守歷陽王子頊以聞（宋書符瑞志）七年春太湖邊忽多鼠其年夏水至悉變成鯉魚民人一日取輒得三五十斛明年大饑（宋書五行志）十二月辛丑朔甘露降吳興烏程令苟卞之以聞（宋書符瑞志）八年去歲及是歲東方諸郡大旱甚者米一升數百餓死者十有六七（宋書前廢帝紀）泰始二年九月壬寅白烏見吳興烏程太守郗陽以獻六年九月己巳八眼龜見吳興故鄣大守褚淵以獻（宋書符瑞志）泰始中吳興東遷沈法符家雞有四距（宋書五行志）元徽四年十一月乙巳甘露降吳興烏程太守褚惠明以聞吳興烏程余山道人慧獲蒼玉璧太守蕭惠開（按當）作明以獻昇明二年十一月甘露降吳興長城卞山太守王奐以聞（宋書符瑞志○按長興譚志作元年誤）

齊建元二年吳興大水（南齊書五行志）九月故鄣縣楓樹連理兩株相去七尺大八圍去地一丈仍相合爲樹泯如一木（南齊書祥瑞志）四年吳興水（南齊書武帝紀）永明元年武康民沈槊家石榴木生連理太守楊槊文以聞（粟志）二年七月烏程縣陳文則家槿樹連理（南齊書祥瑞志）四年二月丙寅大風吳興偏甚樹葉皆赤（南史齊本紀）五年夏吳興水雨傷稼吳興東遷民吳休之家女人雙生二兒胷以下齊以上合六年吳興大水（南齊書五行志）八年水淹過度（歸安何志）九年八月吳興大水（南史齊本紀）永元三年夜天開黃色明照須臾有物絳色如小甕漸漸大如倉廩聲隆隆如雷墜太湖中野雉皆雊（南齊書天文志）

梁天監中烏程令鮑蘋解嘉禾一莖六穗（柳惲進嘉禾表）中大通三年吳興郡生野穀堪食（梁書武帝紀）大同元年故鄣令夏侯珧上六眼神龜登

岸迸晴出彩翠鸐數十同行齊整如衛從然安吉劉志○按舊志作長興誤是時長城尚未改名太淸元年自是旱疫者二年揚徐兗豫尤甚隋書五行志二年九月戊辰地震江左尤甚壞屋殺人地生白毛南史梁本紀

隋開皇二十年十一月戊子天下地震隋書高祖紀大業二年詔作輿服儀衛課州縣送羽毛民求捕之殆無遺類烏程昇山有樹百尺上有鶴巢民欲取之不可得乃代其根鶴恐殺其子自拔氅毛投地時人稱為瑞十三年天下大旱隋書五行志

唐萬歲登封元年天下大旱舊唐書則天后紀於元損烏程人廬墓四十年一墓側生芝草九莖武后詔旌其里胡志開元十六年三吳大饑胡志誤天寶初長興人韋滿父死廬墓有芝生九莖大中元年以其鄉為嘉瑞鄉胡志寶應元年浙江水旱民疫死新唐書代宗紀大歷二年秋浙西水

災舊唐書代宗紀十年七月己未夜杭州大風海水翻潮飄蕩州郭五千餘家船千餘隻全家陷溺者百餘戶死者四百餘人蘇湖越等州亦然舊唐書五行志貞元六年夏浙西大旱井泉竭人暍凡疫死者甚衆新唐書五行志八年八月天下水災舊唐書德宗紀永昌元年十月湖州旱舊唐書憲宗紀元和四年秋浙西旱新唐書五行志六年兩浙歉旱舊唐書憲宗紀十一年六月湖州水害稼新唐書五行志損田萬頃舊唐書五行志長慶二年大雨太湖溢平地乘舟太湖備攷三年三月浙西旱新唐書穆宗紀四年六月浙西水壞太湖隄水入州郭漂民廬舍十一月湖州水傷稼寶曆元年浙西旱災傷稼舊唐書敬宗紀太和二年烏程縣閤下生蓮花吳興掌故〇唐備志改作晉太和二年誤四年夏蘇湖二州水壞六隄水入郡郭溺廬井舊唐書五行志害稼五年浙西大水害稼新唐書五行志六年二月太湖溢太湖備攷蘇湖二州大水

浙西大疫（新唐書五行志）七年十月湖州水害稼（唐書文宗紀）開成三年太湖決（太湖備攷）蘇湖等州水溢入城（新唐書五行志）四年六月天下旱蝗食苗（新唐書五行志）大中三年陳承堅九歲廬墓前生芝草三莖（胡志）咸通十年兩浙疫十三年四月庚子朔浙西地震（新唐書五行志）乾符六年吳興三月不雨至于七月田鼠食稻殆盡（吳興掌故）中和三年三月浙西天鳴聲如轉磨天復二年三月乙卯浙西大雪平地三尺餘其氣如煙其味苦（新唐書五行志○按今刊本唐志作三年浙江通志烏青文獻及舊志皆承其誤今據昭宗紀在二年校正）天祐二年十月有獸入吳興一角麟趾（吳越備史）

五代梁貞明初弁山有黃龍見（談志）晉天福五年吳興大水（吳越備志）安吉四龍湖吳越時湖中四鵠飛起化爲四龍（胡志）

宋太平興國二年八月朔大風太湖溢（太湖備攷）六年大水（烏青志）渚化四

年江浙饑宋史太宗紀 咸平元年春夏江浙旱二年春江浙旱宋史五行志 三年大饑民疫死南潯志 四年九月太湖溢壞廬舍太湖備考 景德二年兩浙饑宋史五行志 大中祥符五年五月兩浙旱七年江浙饑宋史真宗紀 天禧元年蝗民饑南潯志 三年江浙饑乾興元年二月湖州雨壞民田宋史五行志 天聖元年六月大水饑隴畝產聖米烏青志 四年九月雨水壞民廬舍南潯志 寶元元年旱無禾烏青志 二年民大饑湖志 慶歷八年大水田渰幾盡南潯志 皇祐元年十月湖州芝草生宋史五行志 二年大水湖志○按烏程劉志歸安何志作慶歷九年誤 四年大水歸安何志 嘉祐五年七月湖州水災六年七月兩浙淫雨爲災熙甯三年諸路旱宋史五行志 四年水災南潯志 五年兩浙水六年兩浙饑宋史神宗紀 七年大旱八年連大旱民多殍死烏青志○按吳興掌故作治平八年誤 夏太湖水退數里內見邱墓街道

秋無稼（太湖備攷）十年諸路旱（宋史五行志）元豐元年七月四日大風雨太湖水高二丈餘漂沒堤岸四年七月大水（太湖備攷）五年久雨太湖水溢長興受害（栗志）六年正月大雨至六月太湖泛溢蘇湖秀等州城市並遭水浸田不布種廬舍漂蕩民棄田賣牛散走乞食（范祖禹論浙西賑恤狀）元祐元年諸路旱三年秋諸路旱（宋史五行志）四年夏兩浙旱（文獻通攷）饑疫大作（西湖志）五年浙西水災六年兩浙水（宋史哲宗紀、按烏程劉志云龍川畧志謂大旱誤）八年兩浙海風駕潮害民田紹聖元年秋湖州海風害民田（宋史五行志）九月地震三年地震（兩浙志）四年夏兩浙旱（宋史五行志）饑（宋史哲宗紀）元符元年旱（南潯志）二年六月久雨湖州尤罹水患（宋史五行志）建中靖國元年兩浙旱（宋史徽宗紀）七月雨至十月湖州水（烏程何志）崇寧元年江浙旱（宋史徽宗紀）饑（宋史五行志）二年諸路蝗（宋史徽宗紀）三年四年連歲大蝗其飛蔽日宋史五行志 湖州水宋史徽宗紀 大觀元年十月蘇湖水災宋史五行志 三年江浙旱宋史徽宗紀 政和元年冬大雪積丈餘太湖備攷 五年八月蘇湖水災重和元年夏江浙大水民流移溺者衆宋史五行志 宣和元年水災南潯志 二年九月夜雞齊鳴烏青志 三年諸路蝗六年秋兩浙水災民多流移宋史五行志 建炎二年春水三年五月霖雨夏寒秋旱四年二月大疫夏秋旱大饑南潯志〇按舊志作霪雨害稼乃紹興四年事 紹興元年六月浙西大疫二年春兩浙饑斗米千錢時餫餉繁急民益艱食宋史五行志 八月地震烏青志 三年八月甲申地震湖州為甚宋史五行志 旱南潯志 四年六月霪雨害稼湖州為甚宋史五行志〇按舊志作建炎八年誤 五年五月旱三十餘日八月大雨太湖溢南潯志 六年湖秀海風害民田嘉興備志 地震七年旱十三年三月望大雪南潯志 十四年江浙大水

炎堅 十七年大水府潯志 十八年浙西旱宋史五行志 二十三年大水南潯志
志 二十四年浙西旱二十八年浙西大風水溢湖秀爲甚宋史五行志○
按吳興掌故作宣和二十八年誤 二十九年秋江浙旱宋史五行志 民饑宋史高宗紀 三十
年五月辛卯夜安吉縣山水暴出壞民廬及田桑溺死者甚衆久
雨傷蠶麥害稼十月江浙蝗螟宋史五行志○按南潯志作秋旱誤 三十二年六月
浙西大霖雨山洪暴水漂民舍壞田覆舟淮南北蝗飛入湖州境
聲如風雨宋史五行志 害稼民饑斗米千錢烏青志 談良安吉布衣也紹
興中言本邑去秋園瓜並蔕合而爲一此皇帝孝治天下故見祥
瑞以昭天意吳興備志 龍牙洞在浮石山紹興間僧智光得龍牙于此
胡志 隆興元年江浙旱八月飛蝗蔽天日害稼浙西大風水傷稼螟
害穀湖州爲甚二年七月浙西大雨害稼湖秀大水浸城郭壞廬

圩田軍壘操舟行市者累日人溺死甚衆越月積陰苦雨水患益甚浙之饑民疫者尤衆乾道元年二月寒敗首種損蠶麥六月湖州水壞圩田大疫大饑殍徙者不可勝計二年正月淫雨至于四月夏寒江浙諸郡損稼蠶麥不登宋史五行志三年青蟲食穀穗南潯志八月湖州水壞民田廬時積潦至于九月禾稼皆腐宋史五行志○按吳興掌故作二年誤四年七月久雨南潯志六年五月湖州大水秋浙西螟爲害冬湖秀皆饑宋史五行志○按嘉泰志作乾道六年誤七年大旱南潯志淳熙二年秋江浙旱蝗三年五月淮浙積雨損禾麥八月浙西連雨癸未行都大雨水壞德勝江漲北新三橋流入湖秀州害稼浙西郡縣多水六年秋湖秀水壞圩田宋史五行志七年夏秋之交浙西苦旱夷堅志江浙饑八年七月不雨至于十一月湖州旱九年春大亡麥湖州饑宋史

五行志 八月浙西蝗宋史孝宗紀 十年蝗遺種于淮浙害稼宋史五行志 十一年浙西水宋史孝宗紀○按烏程劉志作乾道十一年誤 十二年八月戊寅安吉縣暴水發撼闔村漂廬舍寺觀壞田稼殆盡溺死千餘人 十四年春浙西疫五月旱至于九月乃雨宋史五行志○按烏程劉志作乾道十四年誤 十六年五月浙西霖雨紹熙四年四月霖雨至于五月浙西壞圩田害蠶麥蔬稼江浙自六月不雨至于八月五年春浙西自去冬不雨至于夏八月霖雨害稼安吉縣水平地丈餘浙西饑冬亡麥苗宋史五行志 慶元元年自春徂夏疫癘大作湖州尤甚夷堅志 九月久雨二年大水蟲夏三年春夏不雨不除不能入土宋史五行志 行都及淮浙郡縣疫四年浙西蝗饑多道殣五年六月浙西霖雨至于八月宋史五行志 復大疫六年冬燠無冰宋史五行志 嘉泰元年浙西大旱蝗饑二年正月二十

二日午刻長興荇村媼攜幼稚百十成羣驚走號言有盜捕嬰兒祭江閧然傳播泛湖入山胡志浙西旱宋史五行志大蝗若煙霧蔽天其墮亘十餘里吳興備志四年五月不雨至于七月浙西旱開禧元年夏浙西不雨百餘日宋史五行志二年四月地生毛如馬鬣或蒼或赤或白長數寸焚之臭如燎毛蒼紀三年夏秋久旱大蝗羣飛蔽天浙西豆粟皆旣于蝗宋史五行志長興捕三千餘石胡志六年夏江浙多雨雹害稼嘉定元年浙民疫五月江浙大蝗二年浙西大旱大蝗浙之長興捕數百石六年夏雹害稼六月浙西雨至于七月安吉縣水兩浙諸州大水宋史五行志○按吳興掌故烏程劉志作開禧六年誤七年六月浙郡蝗宋史五行志夏秋大旱八年春旱首種不入至于八月乃雨飛蝗蔽天饑南潯志○按吳興掌故作開禧八年大旱嘉泰八年陸皆誤宋史紀志旱蝗饑並在此年八月辛丑湖州火燔

寺觀延燒三百家（宋史五行志）九年四月六月大霖雨（宋史五行志○按南潯志作四月至八月大雨水災）（南潯志）十一年淮浙饑饉亡麥苗六月霖雨浙西尤甚武康安吉縣大水漂官舍民廬壞田稼人畜（宋史五行志）十四年旱（南潯志○按吳興掌故作開禧十四年誤）長興東修儒學芝生于廡（胡志）十五年七月浙西霖雨爲災十六年五月霖雨江浙皆無麥苗水湖秀爲甚漂民廬害稼圮城郭隄防溺死者衆（宋史五行志○按吳興備志作開禧十六年誤）寶慶三年七月十一夜四更大風起西南雨如注屋瓦皆飛一時頃風從東北回射天地震搖平地水長數尺百年之木盡拔無遺民居不以高下毀八九死于水中者不可勝計岸澥屍如積是年既無年饑死者益多紹定元年春大疫比屋相枕藉安吉尤甚戶減十五六烹魚者宰從腹中得人指髮（鬼董）三年夏大雨四十餘日田禾淹沒（南潯

志 嘉熙四年六月江浙大旱蝗宋史理宗紀人相食南潯志淳祐二年盛夏積雨浙右大水宋史理宗紀七年旱南潯志十一年江浙多水宋史五行志寶祐二年大水南潯志三年五月浙西大水宋史理宗紀溺死頗眾何編安志開慶元年大水南潯志景定二年近畿水災安吉爲甚三年二月安吉縣邑水民溺死者眾宋史理宗紀八月兩浙蝗浙東西螟宋史五行志咸淳三年大水南潯志六年閏十月安吉州水宋史度宗紀十年八月大霖雨天目山崩水涌流安吉民溺死者亡算宋史瀛國公紀安吉武康縣水宋史五行志（一）按舊志作開慶十年舊志作景定十年並誤德祐元年大水南潯志

元至元十四年九月湖州長興縣金沙泉自唐宋以來用以造茶其泉不常有今濆然涌出溉田可數百頃有司以聞元史五行志十五年正月賜金沙泉名爲瑞應泉元史世祖紀二十三年大水南潯志二十四

年浙西諸路水元史世祖紀湖州饑元史五行志二十五年三月浙西大水元史世祖紀二十
湖州墳田稼續文獻通考○按潯備志作中統二十五年誤民饑鬻女易食元史世祖紀二十
七年大水二十八年饑南潯志二十九年六月湖州大水元史世祖紀○潯備
志作中統二十九年誤至元壬辰湖州士山有富人駕舟至漾中忽舟若湊
淺不能動極力撐挽畢不爲動及令僕下水負乃知舟閣龍脊上
而篙亦正刺龍鱗間遂捨舟急令善水者負之登岸岸時龍躍而
起凡其蕩田疇數百畝皆爲巨浸其人歸舍皆臥病一人死焉癸辛
雜識元貞元年五月湖州水元史成宗紀○按五行志作湖州烏程縣水二年湖州饑湖志
大水大德元年大水南潯志二年四月江浙屬縣蝗七月江浙水元史
成宗紀四年秋兩浙饑南史趙孟頫別業在德清龍洞山大德庚子歲
紫芝生其游亭判掾集五年七月積雨泛溢大傷民田南潯志六年六

月湖州路饑七年六月浙西淫雨民饑（元史成宗紀）十年七月大風太湖溢漂没田廬無算（太湖備攷）十一年七月江浙水民饑至大元年六月江浙饑九月疫癘大作死者枕藉（元史武宗紀）四年浙西水災（元史仁宗紀）皇慶二年七月大風太湖溢（太湖備攷）延祐三年雨田半淹五年雨田淹過半六年七年如之大饑至治二年大水（南潯志）泰定元年兩浙水旱壞田二年五月浙西諸郡霖雨江湖水溢（元史泰定帝紀）三年水（南潯志）九月湖州長興州民王俊家牛生一獸麟身牛尾口目皆赤墮地即大鳴母不乳之具聞以上不知何獸或曰此瑞也天歷元年八月湖州水没民田二年四月浙西饑八月浙西湖州旱（元史五行志）冬大雨雪太湖冰厚數尺人履冰上如平地（研北雜志）至順元年二月大水七月復大水太湖溢（太湖備攷）湖州路大水壞民田（元史五行志）饑

疫太湖備攷二年恆陰栗志六月江浙諸路水潦害稼元史文宗紀十月大風雨太湖溢太湖備攷漂民居幾三千溺死男女幾六千栗志三年大水南潯志元統二年五月江浙大饑至元二年江浙旱自春至于八月不雨民大饑元史順帝紀三年水田半淹四年至六年如之南潯志至正元年四月雨浙水災元史順帝紀二年浙西大水田禾淹沒大風駕太湖水淘湧而入民廬頃刻倒蕩名曰湖翻栗志○按歸安何志南潯志作元年誤六年水七年大水無秋八年大水十年大水十一年大水南潯志十二年三月二十三日黑氣亘天雷電中有物若果核與雨雜下五色間錯光瑩堅圓破其實食之如松子仁皆曰娑婆樹子閏四月十二日復雨人初不以爲異及九月紅巾來犯雨核之地悉被兵火輟耕錄十三年大水十五年大水十六年大水二十年饑南潯志二月六

日浙西諸郡震雷掣電雪大作頃刻積深尺餘雷不止 輟耕錄

明吳元年夏旱 明史太祖紀 洪武二年大水 胡志 六年水荒七年大水八年大旱 南潯志 十二月湖州水 明史五行志 九年大水十七年大水十八年二十年二十二年二十七年如之三十一年水三十五年如之永樂元年大旱蝗 南潯志 二年六月嘉湖水饑 明史五行志 三年嘉湖水災 明史成祖紀 久雨太湖溢 太湖備攷 四年浙江饑 明史五行志 七年大水 南潯志 九年七月湖州烏程縣淫雨沒田萬三千三百八十頃 明成祖實錄 疫十年水 南潯志 十一年湖州三縣疫 明史五行志 水 南潯志 十二年嘉湖水災 明史成祖紀 十三年浙江旱 明史五行志 六月烏程等四縣水傷田九千四百四十三頃 明成祖實錄 十四年水十六年大水二十年大水二十一年如之 南潯志 洪熙元年六月湖州大雨連月烏程歸安長興三縣低

田共沒六百三十四頃明仁宗實錄 宣德元年春夏雨禾稼損傷五年大水南潯志 七年九月烏程歸安德清長興武康久雨沒田明宣宗實錄 九年浙江旱饑明史五行志 正統三年浙江旱饑明史五行志 太湖水忽漲數尺尋退太湖備攷 五年正月大雪二旬積丈餘南潯志 嘉湖水災明史英宗前紀 大饑胡志 六年浙江春夏旱明史五行志 大饑胡志 七年浙江大旱明史五行志○（按南潯志作大水太湖溢） 八年浙江地生白毛明史五行志 八月大風潮田禾悉漂沒南潯志 九年七月十七日大風雨晝夜不息太湖水高一二丈濱湖廬舍無存諸山木盡拔漁舟漂沒太湖備攷 閏七月湖州水明史五行志 隄防衝決淹沒禾稼明英宗實錄 十一年六月浙江連月大雨水明史五行志 地震十二年大旱蝗饑南潯志 十四年大水無秋太湖備攷 景泰元年正月大雪二旬間有黑花凝積丈許夏復淫潦大饑南潯志 四

年十一月至明年孟春浙江大雪數尺明史五行志　大湖諸港瀆皆凍斷舟楫不通禽獸草木皆死太湖備攷　安吉凍死百餘人湖志　五年杭嘉湖大雨傷苗六旬不止明史五行志　夏大水秋亢旱大饑疫太湖備攷　民相食六年旱南潯志　浙江饑明史五行志　七年八月浙西自四月至六月大雨水渰沒禾稼七月至是月復亢旱明英宗實錄郕戾王附錄　天順元年湖州四五月連雨菽爛明英宗實錄　二年德清縣新市鎮覺海寺觀音堂芝長尺許湖志　明年復生仙潭文獻　三年浙江旱明史五行志　四年湖州四五月陰雨連綿江湖泛溢麥禾俱傷明英宗實錄　五年七月大風雨太湖溢漂沒民居死者甚眾太湖備攷　浙江大水明史五行志　八年大水饑栗志　成化元年久雨無秋南潯志　浙江饑明史五行志　二年虎晝入德清慈相寺噬人而去栗志　六年四月水災明憲宗實錄　七年水災南潯志　九年二月廿

露降于歸安縣東林山里人陳政家越旬始晞東林山志四月湖州水

災十年湖州水災明憲宗實錄十二年八月浙江風潮大水明史五行志冬

大雪大寒南潯志十二月太湖冰舟楫不通者逾月太湖備攷十三年春

水縣婁蝦蚄生九月桃杏花盛開南潯志十四年四月太湖諸山有

虎太湖備攷大水南潯志浙江饑明史五行志十五年安吉大水入城湖志九月

地震十七年春夏不雨南潯志颶風八月連大雨太湖水溢平

地深數丈九月湖大風雨晝夜如注至冬無日不雨禾稼僅存者

悉漂沒明年大饑人相食南潯志十八年武康大水民多漂溺湖志二

十年水大饑二十二年大水南潯志宏治元年浙江饑明史五行志四年

水旱迭作湖志五年浙江水明史五行志太湖泛溢田禾淹太湖備攷饑六年

六月德清縣旋風飄失民廬是歲虎豹羣行縣市湖志七年大水南潯

志八年嘉湖饑明史五行志十二年十一月新市鎮大火延燒八百餘
家胡志十五年冬大雪太湖備攷十六年夏德清有龍白黃安村貼雲而
飛趣迴至南入雲不見安吉旱疫虎患結行胡志浙江饑明史五行志每
夜妖魔橫發魘人𥁞境以內驚駭徹曉前溪志冬大雪積四五尺太湖
備攷十八年九月十三日郡中地震生白毛粟志○一統志作九月十八日地震次日生
白毛正德元年安吉訛言狐妖胡志三年大旱河水竭地震四年大水
民疫五年夜大水疫甚地震生白毛粟志六年旱明武宗實錄十月虎入
德清新市鎮傷四人胡志七年三月地震有聲八月四日連日大風
雨洪水泛溢十二月大雪丈許南潯志大寒太湖冰行人履冰往來
太湖備攷九年蝗不害稼烏青文獻十年水災明武宗實錄夏德清有龍游揚水
匯中至澉水漾乃昇胡志十二年嘉湖大雨殺麥禾大水明史五行志十

三年水災栗志六月初五日菁山南塢至埭頭山雪積寸許十四年秋水大盛七月二十日辛亥洎二十六日丁巳至八月十四日白露節狂風大雨初六日諸山泛洪大水突出平地丈餘田禾盡渰房屋人畜漂溺不計數廿九日長興四安諸山仍復泛洪水勢愈盛合郡災傷苕紀嘉靖元年湖州水災史槀○（按）明史世宗紀五行志並作浙江旱二年二月有蟲食桑仙潭文獻五月大旱七月三日大風拔木太湖溢漂沒民居太湖備考大水歲三至胡志三年大水歸安何志大饑栗志四年二月德清縣西境雨雹損桑胡志七月水渰田栗志蟲食稼殆盡胡志九月大雨稻成而不能刈烏青志五年旱明世宗實錄六年安吉雨血秋山水溢遞鋪死者百餘人七年長興大旱胡志八年夏蝗秋螟栗志安吉大水入城胡志九年饑安吉伍志十年九月府城西門外地忽陷數十丈十一年烏

程庚村產芝數十本栗志○(按)明史世宗紀十二年正月免浙江被災稅糧而紀志並不言浙江水旱十三年水災十四年大旱十五年四月十六日長興晝晦暴風雨雹交發壞民廬無算栗志水災胡志十六年浙江水災明史五行志十七年虎入德清縣治十八年德清縣境有蝗十九年蝗飛蔽天傷稼大半胡志二十二年水明世宗實錄二十三年大旱乏食胡志○(按)宋國禎救荒署作久雨南潯志作大水二十四年浙江旱明史五行志太湖涸太湖備攷民有得軒轅鏡于其岸者胡志人食草根樹皮大疫南潯志二十七年十二月十四日大雷電胡志二十八年春太湖溢太湖備攷嘉湖水災史槩三十二年旱南潯志六月初十日長興鄉中羣小兒驚走入市言有捕嬰童祭江者有司禁之乃止吳興備志三十三年地生毛赤如馬鬃斑如蝟刺白如羊鬚或柔如虬鬚或剛如鹿角短者一二寸長者尺餘道路俱有牆室

更多斷之有汁噢之作腥烏青志 三十四年晝瞑人對面不相見數日並出日光亦搖蕩不定歸安何志 十月大雨赤豆南潯志○按明史世宗紀三十六年冬免浙江被災稅糧而紀志並不言浙江水旱 三十七年水南潯志 三十八年大旱胡志 三十九年四月湖州地震屋廬搖動如帆河水撞激魚皆躍起明史五行志 烏程峴山產芝數十本十二月雷電大作栗志 四十年正月雪雷胡志 閏五月至十月霖雨不息平地水高數尺不浣水底大饑續文獻通攷 高淳堧決五堰之水下注太湖橫溢六郡皆災太湖備攷 四十一年大水民饑疫歸安何志 四十三年十一月二次大雷栗志 四十四年六月地震烏青志 四十五年武康一山忽移數百步栗志 隆慶元年訛言朝廷選宮女于三吳間旬日民間婚嫁殆盡南潯志 二年正月元旦大風揚沙走石白晝晦冥自北畿抵江浙皆同浙江大旱明史五行志

太湖涸（太湖備攷）三年五月大風雨田禾渰沒秋亢旱大荒（歸安何志）○按明史五行志作閏六月浙江大水　四年水災（續文獻通攷）八月湖州山崩成河（明史五行志）五年武康麥一莖數穗十餘處（胡志）六年夏雷雹（南潯志）萬歷元年饑疫

二年芝生新市鎮民周某縠絟（仙潭文獻）三年春苦旱五月十四日德清有龍自西北來至新市蔡家漾吸水三十里內雨盈尺七月初八夜大風雷雨有龍在新市賈人范雲龍店起無一知者明晨但見一穴光圓深黑至今僅掩其口四年潘季馴築祝瀕家廟于峴山之顛有五色芝百餘本叢生如麻被于山岡（胡志）五年六月連雨寒如冬（南潯志）六年浙江大水（明史五行志）秋螟害稼十月雨木冰七年四月大水渰禾十一月冬至前一日大雷虹見八年旱大饑（胡志）○按歸安何志南潯志作大水　村墅間薄暮覺五里外洶洶人聲如捕賊者稍頃益

近而蹶如數千人水戰狀大呼聲撼火光四合儵在樹端震動天地夜半方熄湧幢小品冬大寒太湖冰太湖備攷九年湖州大水浙江通志十年七月十三日大風拔木太湖嘯歲祲太湖備攷十一年夏旱胡志十二年正月十三日地震聲如雷烏青志冬無雪十三年秋大水胡志○按明史神宗紀作十四年夏浙江大水明史五行志十五年元旦雨雪浹旬不止十六日雨木冰秋大風雨拔木太湖溢胡志平地水深丈餘明史五行志饑疫死者棄尸滿道河水皆腥南潯志十六年三月浙江大饑疫明史神宗紀五月浙江大旱明史五行志蝗饑殍載道民茹草木胡志○按太湖備攷作夏霪雨過月湖水浮于岸漣川沈氏豐書亦云水患滂沒無收十七年麥有秋六月至八月不雨無禾胡志浙江大旱太湖水涸明史五行志饑殍疫死無算胡志夏雪南潯志十八年旱胡志十九年浙江大水明史神宗紀○按紀二十年十月振浙江被災諸府而紀志並不言二十

年浙江水旱　二十一年饑明史神宗紀　冬不雨二十二年元旦雷雨湖志○按舊志引神宗實錄二十三年十月以歸烏長德四縣被災准折漕糧之半而明史紀志及舊志並不言水旱　二十三年大雪平地丈許兩月雪凍不釋死者甚衆鳥隼狐兔虎猿俱凍死胡志

二十四年五月不雨至七月續文獻通攷　杭嘉湖三府旱明史五行志○按歸安何志作大水　七月十一日將夕河水忽涌起二尺餘少選復平如此者三南潯志　八月雨如注狂風交作續文獻通攷　傷苗明史五行志　拔木屋瓦皆飛胡志　經數日夜不息續文獻通攷　三府大水明史五行志　山洪暴發廬舍傾圮圩岸崩頹郊原皆成巨浸續文獻通志　冬大雪寒溪湖冰凍舟楫不通南潯志

二十五年正月十二日雷電先作二十日大雪如米張朝瑞奏疏

孝豐移風浮玉山號數里胡志　二月初二日雨黑水初三四日落黃沙張朝瑞奏疏○按明史五行志作二月癸亥湖州黑雨雜以黃沙　十九二十日迭發黃沙胡志　三

月孝豐人惑于謡徙者數千家晝夜不息子女投于溝壑老羸仆于道左胡志二十六年浙江水灾續文獻通攷冬大雷胡志二十七年春夏嘉湖霪雨傷麥明史五行志五月二十五日怪風拔木歸安何志孝豐秋風鄉白晝虎傷一人復入舍舍人母病臥虎欲傷之其婦力救被傷又至一家婦驚閉戶值父子樵歸虎傷其子其父力搏之幸脫胡志十二月龍見烏青志二十八年九月地震南潯志二十九年自春及夏霪雨不止二麥浸爛江湖氾溢秋禾不能栽種胡志六月寒飛雪成堆烏青文獻至七月始熱南潯志二十六日卯方黑綫見刻餘方滅胡志八九月仍熱如故里無不病之家家家無不病之人南潯志長興有豹飛入嘉會門蔡家墜于夾牆中獲之孝豐竹實人採以爲食胡志三十二年疫南潯志十月初九日地震從震至坤三十三年夏大水廬

室漂沒民棲于舟胡志○按舊志引德清縣志作大水又引烏程縣志云夏旱歸安何志亦作夏旱三十四年夏旱傷稼烏青志三十六年有怪鳥若兒啼即大雨如注四月朔至六月晦止湖水泛溢大饑胡志陸可行舟烏青志三十七年秋浙江大水明史神宗紀冬無雪三十九年黃梅無雨仍有秋四十年未蟄先雷四十一年三月十四日大風冰墜胡志四十二年浙江霪雨爲災水饑明史五行志秋旱四十四年十二月初七日天鼓鳴瀕湖田大熟高阜山鄉有螽四十六年正月二十八日黑鬃自巽至乾胡志十月雷電四十八年正月大雷二月連雨夏旱南潯志饑米騰貴胡志萬歷中歸安毛瑞徵生時芝産于庭考豐王家雩廬墓墓前生靈芝數本胡志泰昌元年十月大雷電南潯志天啟元年大雪民間有天啟元年雪擁撩擠之謠三年十二月二十二日地震胡志白毛生烏青志

德清文廟前大桂開花數十朵各八九瓣大如茉莉明志四年正月
丙辰朔長興民吳野樵殺知縣石有恆主簿徐可行明史熹宗紀日斆
日無光日旁有數小日黑色上下摩盪胡志十一日黑雨烏青志四月
雨傷蠶麥五月梅雨浹旬秧苗盡沒胡志太湖溢舟行阡陌間太湖備攷
七月後大雨三日再插再渰一歲兩荒五年夏秋大旱胡志禾盡槁
烏青志六年蝗災胡志七月朔大風拔木霪雨如注屋廬俱壞兩晝夜
方息烏青志七年正月震電雨雪五月晝夜淫雨四境平沈秧苗盡
沒六月水平復種至七月雨復如初種者又沒一歲兩荒南潯志秋
大風拔木太湖水溢蛟龍羣舞胡志崇禎元年水七月二十三日大
風拔木烏青志二年四月地震閏四月又震十二月又震歲大祲四
年大水南潯志五年雨黑豆胡志自八月至十月七旬不雨明史五行志饑

六月三月雨雹南潯志 六月二十五日龍風折屋拔木烏青志 水饑胡志

七年三月地震四月大雨雹八年大水秋蟲南潯志 新市覺海寺新塑彌勒像忽自動經月乃止仙潭文獻 九年大旱酷熱南潯志 德清大火通濟橋而南幾燬三之一胡志 十年大饑訛言太湖寇至民奔竄幾空南潯志 十一年秋旱蝗太湖備攷 十二年浙江旱十二月浙江霪雨阡陌成巨浸明史五行志 十三年五月大雨七晝夜烏青志 浙江大水明史五行志 沒禾蝗害稼胡志 浙江三吳皆饑明史五行志 草根樹皮俱盡人相食歸安何志 道殣相望死者不可勝數十四年春大雪胡志 六月浙江大旱蝗明史五行志 霧繼之禾盡萎南潯志 疾疫大饑七月十四日孝豐大水

十五年旱蝗蔽天而下所集之處禾立盡田岸蘆葦亦盡彌郊徧野民削樹皮木屑雜糠秕食或掘山中白泥爲食名曰觀音粉聊

濟旦夕村落邱墟胡志○按舊志引長興德清二縣志並云旱又引歸安縣志作大水烏青志作河溢南潯志亦作大水人相食盜賊蜂起大疫志烏青十六年雞羽生距夏大旱饑人相食斗米四百錢胡志十七年春大疫民嘔血縷即死地震生白毛民間有地動白毛生老小一齊行之讖志南潯天目洪水潑蛟蜃出損禾田房數百家胡志

大淸順治二年七月十四日大風異常是夜驟雨傾盆平旦水漲數尺淹沒禾頭或有旁生小穗者老農謂之苗筍秋無收歲大歉胡志

四年大饑五年大疫志南潯二月十八夜長興東北星隕如雨雞生四翼能飛豕有翳首胡志九月烏鎮報本橋至濟遠橋市河水忽涌起西岸街上二尺餘場上所曬麥盡漂沒逾時乃退五年四月二十七日暴風至九月大疫死者無算志烏青六年二月十六日雷震

地震胡志十九日大雷雹五月大雨水溢麥無秋烏青志七年夏大水
胡志八月海水溢塘河味如鹵烏青志九月中旬反舌復聲長興郊外
多虎十一月朔午時日蝕既晝晦恆星俱見胡志八年正月地震南潯
志四月大水麥無秋胡志米騰貴太湖備攷九年二月十四夜地震大水
饑胡志○按舊志引歸安縣志云大水又引長興縣志作夏秋大旱十一年冬大雪旬餘胡志大寒
太湖冰厚二尺二旬始解太湖備攷山中有僵死者羽族俱斃胡志十二
年二月地震六月又震南潯志秋旱蟊禾實米竪而萎十三年夏大
水旱禾不登冬暖李杏垂花百舌復鳴饑胡志十月壬戌癸亥大雷
電仙潭文獻十四年六月十四日雷震壽聖塔烏青志七月民間傳有妖
人叫攝生魂又翦紙爲貓虎形夜出戕人爪傷面目南潯志○按嘯園雜志作
康熙中十五年地震大水冬雷南潯志十六年大水胡志新市顧氏古
事識

槐順治甲午年忽萎閱六年已亥群復榮仙潭文獻十七年九月霜降
不殺草十八年旱長興箬溪水逆流胡志康熙元年正月朔日有食
之晝晦長興縣志五月初大水淹田失播秋旱胡志二年五月雪大疫南潯
志秋旱長興畫溪水西流胡志三年閏六月雪南潯志四年夏太水大
風拔木折屋秋大水饑胡志冬大寒太湖冰斷不通舟楫者兩月太湖
備攷十二月德清吉祥寺大紅牡丹一本發花數莖胡志五年六月孝
豐有馬見于魚池鄉之安市毛鬣如凡馬背有肉鞍往來田間行
道皆見之未嘗避人欲近之即駛迅如電月餘不知所往胡志秋大
熟斛米二錢田之所出不足供賦稅菽粟盈倉委之而逃百貨充
斥無過問者民間號爲熟荒十二月地震六年十二月雷南潯志七
年六月十七日昏時地大震久之折屋壓死人民山谷多生白毛

長二三寸（胡志○按舊志引歸安長興孝豐三縣志並云十七日又引武康縣志作十八日）戊子雨雪（仙潭文獻）八年夏大水（胡志）十月大燠雷電（南潯志）九年正月大雪二十八日積雪未消昏時紅光如電或云天狗星見須臾有聲如雷而無餘音俗謂天鼓鳴（胡志）四月烏鎮西柵楓橋街民家有蠶上箔結成幅長九尺許宛如旗幟或曰四隅有贅如足類龍狀（烏青文獻）五月霪雨連旬田疇盡沒（胡志）六月十二日太湖水陡漲丈餘間以狂飆漂沒人畜墳墓廬舍無算（太湖備攷）九月雨雪（烏青志）十二月大雪丈餘鳥獸乏食凍斃（胡志）十年春大水（長興志）五月至七月大旱蝗異常大燠草木枯槁人暍死者眾（烏青志○按仙潭文獻六月壬年雨雪不合疑誤）秋薄收饑民採蕨爲食繼以葛及榆皮德清知縣侯元棐步行烈日中祈禱時有甘露之降田間枯苗得之復蘇是年得濤有秋（胡志）十一年正月初一

夜雷（雙林志）春旱麥有秋（湖志）四月十六日寅時天鼓鳴六月二十八日大雷雨冰雹（長興譚志）大水民竭力車救秋將成有蝥不入境集于湖濱蘆葦之上而散八月初旬忽大風雨降小蟲背黑色如蟻蟓又如蝗有足有翅飛蝕禾稼立槁氣侵鬱種亦空民大饑（湖志）九月桃李花草木甲坼鸞蓮出[illegible]（烏青志）十二年正月初二初三日石鼓連鳴石在夏獨山上（湖志）十二月地震十三年五月至七月霪雨害稼歲祲除夕雷電次年旱十五年三月至五月恆雨（仙潭文獻）大水十一月地震（雙林志）十六年元日震雷大雪（南潯志）自五月不雨至七月（雙林志）旱李樹生黃瓜（烏青志）八月飛蝗蔽天過而不下十七年大水無禾十八年蟲災（雙林志）七月大旱（仙潭文獻）十九年夏秋大水（雙林志）八月太湖溢（太湖備攷）二十年十月牡丹發榮（仙潭文獻）二十一年春恆陰麥

無秋（烏青志）大水（南潯志）十一月堅冰（烏青志）二十二年春久雨麥無收

秋旱荒（南潯志）九月二十二日立冬夜大震電（仙潭文獻）十一月太湖冰

凍月餘人履冰行（太湖備攷）大寒忽暑熱（南潯志）十二月初九日大震電

（仙潭文獻）二十三年夏旱秋米貴（雙林志）二十四年四月久雨新市地

陷十餘丈（仙潭文獻）秋旱歉收（雙林志）二十六年三月十四日震電雨雹

如斧如盂桑豆麥俱損（仙潭文獻）大水秋螟食禾（南潯志）二十七年夏旱

秋大風雨禾盡爛二十八年十一月大雪河凍不通舟楫者數旬

二十九年春旱五月大雨至六月不止田廬俱壞（雙林志）七月星隕

有聲（仙潭文獻）冬大寒牛羊凍死（雙林志）河冰不解（烏青志）三十年六月霪

雨害稼十二月新市屠姓封豕腹中有一蛇方首銳尾色赤長四

尺餘二十六日震電（仙潭文獻）三十一年五月不雨至六月始雨（雙林志）

九月十二日新市河中水怒涌立高丈餘徑圍俱有丈許仙潭文獻三十二年二月十八日大風霾五六月大旱田不獲插九月大風雨湖溢淹稼米貴民饑南潯志三十三年夏旱蝗災大疫三十四年正月大雪五月大水沒田六月雹大如斧壞民房民舟雙林志三十五年正月德清蒯村荷葉浦民閘沉得龍首骨一具堅如玉石東軒主人述異記七月二十三日大雨傷禾颶風大作入夜愈猛飛瓦拔樹民居傾覆壓傷甚衆烏青志次日水漲三尺餘三十六年大水南潯志四月大雨雹寒雙林志三十八年霪潦傷稼三十九年旱烏青志十一月大寒太湖冰月餘始解太湖備考四十年三月雙林陸姓婦產一男兩首四臂雙林志四十一年大水南潯志十二月雷雙林志四十二年三月十九日大雨雹烏青志四十三年大水南潯志四十四年三月大雷

雨雹六月三日龍風入雷雨晝晦四十六年夏大旱十月四日河
水暴漲烏青志地震雙林志四十七年二月晦日大風雷雨雹五六月
恒雨淹禾民饑烏青志太湖水浮于岸太湖備攷七月初八風雨大至鄰
畫溇等處洪水陡發漂溺室廬人民無算草根樹皮食之殆盡長興
譜志四十八年三月連旬大雨豆麥漂投蠶亦傷雙林志四月雹南潯志
小暑至處暑無雨禾枯瘟疫八月蝗災冬旱蟲食菜雙林志四十九
年四月恒雨蠶無收五月久雨田禾皆沒秋亢旱疫癘秋無收雙林
志五十一年秋霪雨太湖溢太湖備攷安吉長興被災邸抄五十三年地
震太湖備攷大旱南潯志十二月雷雙林志五十四年四五月連雨六月七
月大風潮南潯志十一月雷雙林志五十五年五月二十九日暴雨水
陡涌五六尺苗盡爛南潯志五十六年正月雷雙林志五十九年夏旱

六十年夏秋旱河底龜坼烏青志大饑長興譚志六十一年七月星隕有

疾聲大旱冬木冰雍正元年夏旱南潯志八月至十月恆雨饑雙林志

二年正月大熯七月大風太湖溢南潯志太湖中飛蝗蔽天食濱湖

蘆葦殆盡不傷稼太湖備攷四年八月初杭嘉湖三府大雨浙江通志至十

月恆雨水浸陂塘村人駕船刈稻頭饑烏青志五年七月初旬亢暘

不雨長興譚志十八日夜孝豐出蛟山水陡發安吉德清武康三縣俱

山水滲沒田浙江通志十二月靈雨長興被災長興譚志七年五月歸安民

王文隆家蠶同織瑞繭一幅長五尺八寸寬二尺三寸總督性

桂奏

進浙江通志八年五月大水南潯志十一月二十八日戌刻地震烏青志十年

正月天雨豆七月大風雨傷稼南潯志九月九日大風雹烏青志十一

年夏大旱十二年四月大雨雹損麥南潯志　五月歸安月河鋪里民
劉子晉妻姚氏年百歲總督程元章具
題浙江通志　十三年七月二十日巳刻地震有聲如雷自西而雷烏青志　乾
隆三年夏亢旱長興譚志　九月三日大風雨雹烏青志　六年七月大雨不
止田禾淹沒過半九年七月天目山水衝溢田禾受災長興譚志　十年
夏旱十一年正月雨木冰南潯志　十三年春多雨米忽騰長興譚志　五
月四日雨雹烏青志　十二月燠雷電長興譚志　十四年夏疫十六年夏大
旱烏青志　秋蟲傷禾雙林志　十七年四月四日卯刻地震烏青志　六月初
六日昏時星隕有聲八月大風拔木久雨大水十八年春夏久雨
蟲災秋又久雨十九年水損稼二十年淫雨損麥蝗蝻生大水傷
禾南潯志　十二月朔未刻地震屋瓦皆鳴烏青志　二十一年春大疫饑

民食榆皮草根甚有搶劫者餓殍滿道南潯志五月旱十月十六日亥刻地震二十三年夏大水田疇盡沒烏青志二十四年秋蟲傷禾二十六年大水二十七年雨損蠶收六月旱七月大風雨積水經月二十八年五月地震二十九年正月地震五月又震三十年正月地震大水三十三年大旱四月雨雹三十四年春夏淫雨連旬損蠶麥大水田禾渰沒秋無收三十五年春饑三十六年十二月雷電南潯志四十四年六月亢旱八月二十日地震雙林志四十七年六月地震五十年大旱蝗自五月至七月不雨溪港皆涸苗盡槁南潯志西門外下塘地陷數丈民居壓脊與地相平屋中人破屋而出什物一無損壞河中忽亘起土埂升出白光一道望龍溪而去怪風隨之溪中漁舟數十俱爲白光所迷俄頃風定舟俱聚一處

而白光亦不見矣袁枚新齊諧○按是年郡城南音橋下水將涸一日忽水涌數尺有蚌浮水面大如扇張半殼如帆上有白光一道駛若激箭出南門至前山漾而沒水亦頓落此事及地陷事目睹之人甚多戴氏晴巖日記亦記之袁氏以前山漾爲龍溪又不知爲大蚌甚傳聞之誤　五十一年春大疫饑南潯志　夏蝗食禾殆盡長興邢志　五十四年大水五十五年大雪饑十二月雷電南潯志　五十六年正月大雪一晝夜堆積盈尺雪中有男女履跡各一兩兩相並屋上尤多蘇松嘉湖一帶皆然錢泳履園叢話　大水五十七年五月地震冬無冰南潯志　十一月初一日甘露降于東林山回仙觀十五日復降五十八年甘露降後或五日或十日時降東林山志　五十九年七月大風拔木寒如冬嘉慶元年正月大雪苦寒南潯志　八年春冰凍逾月四月久雨米價涌貴九年正月恆雨雷雪雙林志　五月初至六月大雨田禾淹沒十年春又大水麥無秋南潯志　十一年四月八月湖瀆

大幾村龍鬬狂風暴雨煙燄騰射毀屋發墓覆舟拔木焚溺驚壓
死者甚眾守備謝發祖死焉涂熊飛白鶴山房集十三年夏淫雨十九年正
月初四夜訛言太湖盜起民多驚走五月至七月不雨地生白毛
禾半槁石米五千三百錢大吏招商給以印票行文福建州縣倉
儲有餘者照福建市價派撥令商繳價海運至浙免其關稅價始
平南潯志七月初二日天鼓鳴雙林志二十年二月初旬大雷既而雷
雹大雪南潯志十月二十一日地震雙林志二十二年正月起至十一
月霪雨間作天無十日晴稻穀俱腐柴薪大貴履園叢話二十三年五
月大雨雹南潯志二十四年五月初八日一雨至六月七月八月皆
無雨高田乾涸履園叢話道光元年夏大疫俗稱吊腳痧死者無算雙林
志秋雞雨翅上俱生爪有五爪者皆飛上天履園叢話二年正月大雪

經旬夏旱南潯志三年正月十四日雷雙林志淫雨自三月至五月不止禾未插秧大半被淹六月初七日大雨雹水勢漸退七月初二日大風驟雨水復頓漲數尺圩田僅存者是夕皆沒太湖水溢至冬初始平四年春大饑六月十五日大雨水勢驟漲平地數尺次日始退七年十二月大雪雷九年夏秋旱十年夏旱南潯志烏程昇山有虎至傷人數日乃去董恂紫薇花館集十一年夏霖雨秋復久雨水災野莧成拳食稻十二年饑築運河石塘以工代賑夏旱十三年雨水害稼冬久雨十四年正月初二日大雪秋雨傷稼冬復霖雨十五年夏旱十六年正月初五日大雷電二月十二日大風雨雪雹雹十七年正月初二日風雪雷電雹夏旱秋久雨十八年除夕大雷電十九年正月雷大雨雪九月二十三日地震大風淫雨禾

頭生耳十一月雷二十年夏久雨二十一年春大水秋霖雨大旱

獲于西南有聲如雷十一月大雪爲災南潯志平地丈餘道路不通

者六七日屋宇壞者無數民有壓死餓死者安吉劉志二十二年六月

戊寅朔日食既陰雲不見晝晦久雨二十三年七月旱民禾饑

二十四年冬久雨二十六年六月十二夜地震二十九年淫雨大

水田禾盡殁民屑榆皮爲食三十年春饑米石錢六千南潯志八月

安吉大水入城衝倒城牆數十丈安吉劉志咸豐三年三月初七夜地

大震自是連日小震月餘始定雙林志冬雨木冰四年夏霖雨十一

月初五日申時河水忽漲起尺餘溝渠池沼皆然少頃即平東至

吳江西至長興並同此異六年大旱蝗大饑七年夏蝗復生悉入

水自斃或化爲鰕秋風雨損稼八年夏薪米價俱騰涌南潯志九年

八月十九日申刻紅光竟天吳錦江湖漁唱五十年二月初二日酉刻天半隱隱有兵馬聲從東北至西南許旦復冬心廬紀書秋久雨十一年十二月二十七日大雪起至除夕止積深一丈湖瀼人行冰上至次年元宵前始解雙林志同治二年海水溢河水皆鹹十年三月二十二日龍鬬狂風驟雨拔木毀屋覆舟傷人烏程歸安境尤甚十一年三月十四日大雨雹四月烏程西南山鄉或遺火茅草中延燒草木十餘里及歸安長興界始熄焚死數人十二年四月郡城金婆寺大銀杏樹相傳數百年物腹中出火自燔數日方熄夏秋大旱田禾減收冬多雪大寒新纂

附錄

萬歷己亥迄乙巳有氣如虹見於弁山之阿長有五丈白若純綿名

曰白鷴其時田禾秀而實者鮮矣三老謂兆在白鷴咸賽會祈禳鳴金發遂至丙午春季知府陳幼學聞而異焉滌誠治醮驅之見白鷴自空中冉冉而去歲大熟幼學有驅鷴記一卧碑在府堂東壁下烏程劉志文詳金石

國朝康熙二十五年又有鷴災知府王陞設壇於弁山佑聖宫驅之刻有驅鷴神應記紳士多有詩歌以頌之雍正十一年又有此災禾之秀者俱不實府縣通詳始奉嚴駁總查得陳王二公碑文具詳得邀

題請漕糧改折○按舊志云吳俗方言謂虹曰鷴白鷴云者猶言白虹也然鷴爲閩海水蟲之名蓋借用其字耳烏程縣志作白蜺而字書無蜺字存以備考

湖州府志卷四十四終

【光緒】烏程縣志

（清）潘玉璿、馮健修　（清）周學濬、汪曰楨纂

清光緒七年（1881）刻本

祥異

漢惠帝五年夏大旱太湖涸太湖備攷建武十四年大疫後漢書光武紀元初六
年四月大疫續漢書五行志陽嘉二年饑荒後漢書順帝紀建和元年二月人多
餓死後漢書桓帝紀

吳太平元年八月朔大風拔木太湖溢平地水高八尺太湖中水夜泛出聲是名湖翻俗云灰銃主有大風雨占驗不爽。太湖備攷孫休時烏程人有得困病及差能以響
言者言於此而聞於彼自其所聽之不覺其聲之大也自遠聽之
如人對言不覺聲之自遠來也聲之所往隨其所向遠者不過十
數里其鄰人有責息於外歷年不還乃假之使爲責讓懼以禍福
負物者以爲鬼神卽傾倒畀之其人亦不自知其所以然也晉書五行

志」按太平廣記引廣古今五行記作其鄰家有子居外久不歸省其父假之使爲責詞子聞之以爲鬼神傾沛而歸 孫皓
時常歲無水旱苗稼豐美而實不成百姓以饑闔境皆然連歲不
已 晉書五行志
晉太康元年地震 烏青志 四年大水 晉書武帝紀 九年正月地震 晉書五行志 元
康五年大水六年大水八年大水 晉書惠帝紀 永嘉四年大水 晉書五行志
建武元年大旱太興二年二月蝗 晉書元帝紀 無麥禾大饑太寧元年
大水咸和四年大水 晉書五行志 咸康元年饑大旱 晉書成帝紀 興寧元年
四月甲戌地震湖瀆溢太和六年六月大水稻稼蕩沒黎庶饑饉
晉書五行志 咸安二年大旱人多饑死寧康二年水太元六年大水 晉書
孝武紀 元興元年大饑人相食戶口減半 吳興備志
宋元嘉三年閏正月己丑甘露降吳興烏程太守王韶之以聞 宋書符瑞

志七年十一月太湖溢穀貴民饑（太湖備攷）八年旱（宋書五行志）十年烏程有白鵲見太守袁愍道表進（張府志）十二年大水（宋書五行志）十三年九月己酉會稽郡西南向曉忽大光明有青龍騰躍淩雲久而後滅吳興諸處並以其日同見光景揚州刺史彭城王義康以聞二十年七月吳興郡後池芙蓉二花一蔕太守孔山士以聞（宋書符瑞志）二十九年東遷孟慧度婢鸞與狗通好如夫妻彌年（宋書五行志）孝建二年饑大明元年水饑（宋書孝武紀）五年四月乙卯甘露降吳興烏程太守歷陽王子頊以聞（宋書符瑞志）七年春太湖邊忽多鼠其年夏水至悉變成鯉魚民人一日取轉得三五十斛明年大饑（宋書五行志）十二月辛丑朔甘露降吳興烏程令荀卞之以聞（宋書符瑞志）八年去歲及是歲大旱米一升數百餓死者十有六七（宋書前廢帝紀）泰始二年九月

壬寅白鳥見吳興烏程太守鄧禹以獻宋書符瑞志　泰始中東遷沈法符家雞有四翼宋書五行志　元徽四年十一月乙巳甘露降吳興烏程太守蕭惠明以聞烏程余山道人慧獲蒼玉璧太守蕭惠開按當作明以獻宋書符瑞志

齊建元二年大水南齊書五行志　四年水南齊書武帝紀　永明二年七月烏程縣陳文則家櫟樹連理南齊書祥瑞志　四年二月丙寅大風樹葉皆赤南史齊本紀　五年夏水雨傷稼東遷民吳休之家女人雙生二兒胷以下齊以上合　六年大水南齊書五行志　八年水歸安何志　九年大水南史齊本紀　永元三年夜天開黃色明照須臾有物絳色如小甕漸漸大如倉廩聲隆隆如雷墜太湖中野雉皆雊南齊書天文志

梁天監中烏程令鮑魄解嘉禾一莖九穗柳惲進嘉禾表　中大通三年生野

穀堪食梁書武帝紀 太清元年自是旱疫者二年隋書五行志 二年九月戊辰地震壞屋殺人地生白毛南史梁本紀

隋開皇二十年十一月戊子地震隋書高祖紀 大業二年詔作輿服儀衛課州縣送羽毛民求捕之殆無遺類烏程昇山有樹百尺上有鶴巢民欲取之不可得乃伐其根鶴恐殺其子自拔氅毛投地時人稱爲瑞十三年大旱隋書五行志

唐萬歲登封元年大旱舊唐書則天后紀 開元十六年大饑吳興志 寶應元年水旱民疫死新唐書代宗紀 大曆二年秋水災舊唐書代宗紀 十年七月己未夜杭州大風海水翻潮飄蕩州郭五千餘家船千餘隻全家陷溺者百餘戶死者四百餘人蘇湖越等州亦然舊唐書五行志 貞元六年夏大旱井泉竭人暍且疫死者甚衆新唐書五行志 八年水災舊唐書德宗紀 永貞元

年旱舊唐書憲宗紀元和四年秋旱新唐書五行志六年歉旱舊唐書憲宗紀十一年六月水害稼新唐書五行志長慶二年大雨太湖溢平地乘舟備攷太湖三年三月旱新唐書穆宗紀四年六月水壞太湖隄入州郭漂民廬舍十一月水傷稼舊唐書寶歷元年旱災傷稼舊唐書敬宗紀大和二年烏程縣閣下生靈花吳興掌故四年夏蘇湖二州水壞六隄入郡郭溺廬井舊唐書五行志害稼五年大水害稼新唐書五行志六年二月太湖溢備攷太湖大水大疫新唐書五行志七年水害稼舊唐書文宗紀開成三年太湖決備攷太湖水溢入城新唐書五行志四年旱蝗食田新唐書五行志咸通十年疫十三年四月庚子朔地震新唐書五行志乾符六年三月不雨至于七月田鼠食稻殆盡吳興掌故中和三年三月天鳴聲如轉磨天復二年三月乙卯大霧平地三尺餘其氣如煙其味苦新唐書五行志○按今刊本唐志作三年浙江通志烏青文獻及舊府志皆承其誤今據昭宗紀在二年校正

天祐二年十月有獸入吳興一角麟趾吳越備史

梁貞明初弁山有黃龍見吳興志

晉天福五年大水吳越備史

宋開寶三年吳越錢儼鎮湖州時後圃芙蓉枝上穿黃玉玦一枚枝梢交雜不知從何而貫儼截餘取玦以獻人謂眞仙來游留此以驚世者十國春秋太平興國二年八月朔大風太湖溢太湖備攷六年大水烏青志淳化四年饑宋史太宗紀咸平二年春夏旱二年春旱宋史五行志三年大饑民疫死宋史五行志景德二年饑南潯志大中祥符五年旱七年饑宋史眞宗紀天禧元年蝗民饑南潯志三年饑乾興元年雨壞民田宋史五行志天聖元年大水饑臘畝產聖米烏青志四年雨水壞民廬舍南潯志寶元元年旱無禾烏青志二年民大饑胡府志慶歷八年大水田淹

幾盡皇祐二年大水四年水南潯志 嘉祐五年水災六年七月淫雨爲災熙寧三年旱宋史五行志 四年水災南潯志 五年水六年饑宋史神宗紀 七年大旱八年連大旱民多殍死烏青志 夏太湖水退數里内見邱墓街道秋無稼太湖備攷 十年旱宋史五行志 元豐元年七月四日大風雨太湖水高二丈餘漂沒塘岸四年七月大水太湖備攷 五年久雨太湖水溢六年正月大雨至六月太湖泛濫城市並遭水浸田不布種廬舍漂蕩民棄田賣牛散走乞食范祖禹論浙西賑恤狀 元祐元年旱三年秋旱宋史五行志 四年夏旱文獻通攷 饑疫大作南潯志 五年水災六年水宋史哲宗紀 八年海風駕潮害民田紹聖元年秋海風害民田宋史五行志 九月地震三年地屢震南潯志 四年夏旱宋史五行志 饑宋史哲宗紀 元符元年旱南潯志 二年六月久雨湖州尤罹水患宋史五行志 建中靖國元年旱

（宋史徽宗紀）自七月雨至十月水（南潯志）崇寧元年旱（宋史徽宗紀）饑（宋史五行志）二年蝗（宋史徽宗紀）三年四年連歲大蝗其飛蔽日（宋史五行志）水（宋史徽宗紀）大觀元年水灾（宋史五行志）烏山漁者邵宗益剖蚌見珠作阿羅漢相（吳興志）三年旱（宋史徽宗紀）政和五年冬大雪積丈餘（太湖備攷）五年水灾重和元年夏大水民流移溺者衆（宋史五行志）宣和元年水灾（南潯志）二年九月夜雞齊鳴（烏青志）三年蝗六年秋水灾民多流移（宋史五行志）建炎二年春水三年五月霖雨夏寒秋旱四年大疫夏秋旱大饑紹興元年饑（南潯志）大疫二年春饑米斗千錢時餫餉繁急民益艱食（宋史五行志）八月地震（烏青志）冬大寒太湖冰（雞肋編）三年八月甲申地震（宋史五行志）旱（南潯志）四年霪雨害稼（宋史五行志）五年五月旱三十餘日八月大雨太湖溢（南潯志）六年海風害民田（吳興備志）地震七年旱十三年三

月望大雪南潯志十四年大水南潯志十七年大水南潯志十八年旱宋史五行志二十三年大水南潯志二十四年旱二十八年大風水溢二十九年秋旱宋史五行志民饑宋史高宗紀三十年秋旱南潯志十月螟蝝宋史五行志三十一年大雨傷蠶麥南潯志三十二年六月大霖雨山涌暴水漂民舍壞田覆舟淮南北蝗飛入湖州境聲如風雨宋史五行志害稼民饑斗米千錢烏青志隆興元年旱八月飛蝗蔽天日害稼大風水傷稼螟害穀二年七月大雨害稼大水浸城郭操舟行市者累日人溺死甚衆越月積陰苦雨水患益甚饑民疫者尤衆乾道元年二月寒敗首種損蠶麥六月水壞圩田大疫大饑殍徙者不可勝計二年正月淫雨至于四月夏寒損稼蠶麥不登宋史五行志三年青蟲食穀穗南潯志八月水壞民四廬稼瀕至于九月禾稼皆腐宋史五行

志四年七月久雨南潯志六年五月大水秋螟爲害冬饑宋史五行志七年秋大旱南潯志十年春大錢農民朱七見青龍飛過墜下散錢如雨夷堅志淳熙二年秋旱螟三年五月積雨損禾麥八月連雨害稼水六年秋水壞圩田宋史五行志七年夏秋之交苦旱夷堅志饑八年七月不雨至于十一月旱九年春大亾麥饑宋史五行志八月蝗宋史孝宗紀十年蝗遺種害稼宋史五行志十一年水宋史孝宗紀十四年春疫五月旱至于九月乃雨十六年五月霖雨紹熙四年四月霖雨至于五月壞圩田害蠶禾蔬稑自六月不雨至于八月五年春自去冬不雨至于夏八月霖雨害稼饑冬亾麥苗宋史五行志慶元元年自春徂夏疫癘大作夷堅志九月久雨大疫二年大水蟲災三年春夏不雨禾稼不能入土南潯志疫四年荐饑多道殣五年六月霖雨至于八月

宋史五行志復大疫六年冬暖無冰雪南潯志嘉泰元年大旱荐饑二年旱宋史五行志大蝗若煙霧蔽天其墜亘十餘里吳興志四年五月不雨至于七月旱開禧元年夏不雨百餘日宋史五行志二年四月地生毛如馬鬣或蒼或赤或白長數寸焚之臭如燎毛若紀二年夏秋久旱大蝗羣飛蔽天豆粟皆既于蝗六年夏雨雹害稼宋史五行志嘉定元年旱南潯志疫大蝗二年大旱大蝗六年夏雹害稼六月雨至于七月大水七年六月蝗宋史五行志夏秋大旱八年春旱首種不入至于八月乃雨飛蝗蔽天饑九年四月至八月大雨水災南潯志十一年饑饉亾麥苗六月霖雨宋史五行志十四年旱南潯志十五年七月霖雨爲災十六年五月霖雨亾麥苗水漂民廬害稼圮城郭隄防溺死者衆宋史五行志寶慶二年七月十一夜四更大風起西南雨如注屋

瓦皆飛一時頃風從東北回射天地震搖平地水長數尺百年之
水發拔無遺民居不以高下毀八九死于水中者不可勝計岸滸
屍如積是年既無年饑死者益多紹定元年春大疫比屋相枕藉
烹魚者率從腹中得人指髮（[illegible]）三年五月連雨四十日浙西之田
盡沒無遺幸而不沒者則大風駕湖水而來田廬頃刻而盡村落
名之曰湖翻農人皆相與結隊往淮南趁食于太湖買舟百十餘
所載數千人同往甫至湖心大風驟至悉就溺死又有千餘人渡
揚子江濟者同日亦沈于江（齊東野語）嘉熙四年大旱蝗（宋史理宗紀）人相
食（南潯志）淳祐二年盛夏積雨大水（宋史理宗紀）七年旱（南潯志）十一年水
（宋史五行志）寶祐二年大水（南潯志）三年大水（宋史理宗紀）開慶元年大水（南潯
志）景定二年水災三年二月水民溺死者衆（宋史理宗紀）八月蝗蝝（宋史

五行志 咸淳三年大水志南潯 六年閏十月水宋史度宗紀 十年八月大霖雨宋史瀛國公紀 德祐元年大水志南潯

元至元二十三年大水志南潯 二十四年水元史世祖紀 饑元史五行志 二十五年大水壞田稼續文獻通攷 民鬻妻女易食元史世祖紀 二十七年大水二十八年饑志南潯 二十九年大水元史世祖紀 元貞元年水元史成宗紀 二年饑湖府志 大水大德元年大水志南潯 二年四月蝗七月水元史成宗紀 四年秋饑西史 五年七月積雨泛溢大傷民田志南潯 六年饑七年六月淫雨民饑元史成宗紀 或作糜食饑人臠脫釜猶沸酒罌中人競得食食已輒仆死百步間叩舷憑軾錄 十年大水害稼志南潯 七月大風太湖溢漂沒田廬無算太湖備攷 十一年水民饑元史武宗紀 至大元年水志南潯 饑疫癘大作死者相枕藉元史武宗紀 四年水災元史仁宗紀 皇慶二年七

月大風太湖溢太湖備攷延祐三年雨田半淹五年雨田淹過半六年七年如之大饑至治二年大水南潯志 泰定元年水旱壞田二年五月霖雨江湖水溢元史泰定帝紀三年水南潯志 天歷元年水沒民田二年饑八月旱元史五行志 冬大雨雪太湖冰厚數尺人履冰上如平地研北雜志 至順元年二月大水七月復大水太湖溢太湖備攷壞民田元史五行志饑疫太湖備攷二年恆陰栗府志 水潦害稼元史文宗紀 十月大風雨太湖溢太湖備攷漂民居幾三千溺死男女幾六千栗府志 三年大水南潯志 元統二年大饑元史順帝紀 三年大水南潯志 至元二年旱自春至于八月不雨民大饑元史順帝紀 三年水田半淹四年至六年如之南潯志 至正元年水災元史順帝紀 二年大水田禾淹沒大風激太湖水洶湧而入民廬頃刻倒蕩名曰湖翻栗府志 六年水七年大水無秋八年大水十

年大水十一年大水南潯志十二年三月二十三日黑氣亙天雷雹中有物若果核與雨雜下五色間錯光瑩堅固破其實食之如松子仁皆曰婆娑樹子閏四月十二日復雨及九月紅巾來犯廿六日湖州陷雨核之地悉被兵火無有處屋宇如故儀鳳橋四向焚戮特甚雨核時橋四向爲最多輟耕錄十三年大水十五年大水十六年大水二十年饑南潯志二月六日震雷雹雪大作頃刻積深尺餘雷不止輟耕錄

明吳元年夏旱明史太祖紀洪武二年大水湖府志六年水荒七年大水八年大旱南潯志十二月水明史五行志九年大水南潯志十年九月大水二申野錄十七年大水十八年二十年二十二年二十七年如之三十一年水三十五年如之永樂元年大旱蝗南潯志二年水饑明史五行志三

年水灾明史成祖紀久雨太湖溢太湖備攷饑二申野錄四年饑明史五行志七年大水南潯志九年七月霪雨没田明成祖實錄疫十年水南潯志十一年疫明史五行志水南潯志十二年水灾明史成祖紀十三年旱明史五行志六月水傷田明成祖實錄十四年水十六年大水二十年大水二十一年如之南潯志洪熙元年六月大雨連月低田没明仁宗實錄宣德元年春夏雨不稼損傷五年大水南潯志七年九月久雨没田明宣宗實錄九年旱饑正統三年旱饑明史五行志太湖水忽漲數尺尋退太湖備攷五年正月大雪二旬積丈餘夏大水秋亢旱斗米千錢大疫饑殍載道南潯志六年春夏旱明史五行志大饑湖府志七年大水太湖溢七月大風無秋南潯志八年地生白毛明史五行志八月大風潮田禾悉漂没南潯志九年六月大水二申野錄七月十七日大風暴雨晝夜不息太湖水高一二丈濱湖

廬舍無存諸山木盡拔漁舟漂沒太湖備攷閏七月又大水二申野錄隄防
衝決淹沒禾稼明英宗實錄十一年六月連月大雨水明史五行志地震十
二年大旱蝗饑南潯志十四年大水無秋太湖備攷景泰元年正月大雪
二旬間有黑花凝積丈許夏復淫潦大饑南潯志四年十一月至明
年孟春大雪數尺明史五行志壓覆民居南潯志太湖諸港瀆皆凍斷舟
楫不通禽獸草木皆死太湖備攷五年大雨傷苗六旬不止明史五行志夏
大水秋亢旱大饑疫太湖備攷民相食六年旱南潯志饑明史五行志七年五
月久雨沒田禾明英宗實錄鄭庚王洲錄天順元年四五月連雨苗爛明英宗實錄
三年旱明史五行志四年四五月陰雨連緜江湖泛溢麥禾俱傷明英宗實
錄五年七月大風雨太湖溢漂沒民居死者甚衆太湖備攷大水明史五行
志八年大水饑栗府志成化元年大水二申野錄饑明史五行志六年水災明憲

宗實錄 七年水災南潯志 九年水災十年水災明憲宗實錄 十二年大水明史
五行志 冬大雪大寒南潯志 十二月太湖冰舟楫不通者逾月太湖備考 十
三年春水無麥蝦蚄生九月桃杏花盛開南潯志 十四年四月太湖
諸山有虎太湖備考 大水南潯志 饑明史五行志 十五年九月地震十七年春
旱不雨七月雨有颶風八月連大雨太湖水溢平地深數尺九月
朔大風雨晝夜如注至冬無日不雨禾稼僅存者悉漂沒明年大
饑人相食二十年水大饑二十二年大水南潯志 宏治元年饑明史五行
志 四年水旱迭作胡府志 饑二申野錄 五年水明史五行志 太湖泛溢田禾淹
太湖備考 饑胡府志 七年大水南潯志 八年饑明史五行志 十五年冬大雪太湖備考
十六年旱南潯志 饑明史五行志 每夜妖魔橫發魘人舉境以內驚駭徹
曉南潯志 冬大雪積四五尺太湖備考 十八年九月十三日地震生白毛

正德三年大旱河水竭地震四年大水民疫五年復大水疫甚地震生白毛 栗府志 大饑 明史列女傳 六年旱 明武宗實錄 七年三月地震有聲八年四月連日大風雨洪水泛溢十二年大雪丈許 南潯志 大寒太湖冰行人履冰往來 太湖備攷 九年蝗不害稼 烏青文獻 十年水災 明武宗實錄 十三年大雨殺麥禾大水 明史五行志 十三年水災 栗府志 六月初五日得山南隅至埭頭山雪積寸許十四年秋水大盛七月二十日泊二十六日至八月十四日白露節狂風大雨初六日諸山泛洪大水突出平地丈餘田禾盡淹房屋人畜漂溺不計數 私紀 嘉靖元年漁人於苕溪中網得一石圓大如鵝子內鏗然有聲擊碎之有銅牌一方上刻宣聖二字 太平清話 水災 史縣 二年五月大旱七月三日大風拔木太湖溢漂没民居 太湖備攷 大水歲三至 湖府志 太湖居民見牛

頭出水面者以百數湧濤噴沫閧日乃絕又見太湖龍與蚌鬬聲
震山谷四晝夜（二申野錄）三年大水（南潯志）大饑（乘府志）十月七日有黑白
龍鬬于太湖之濱白龍敗（二申野錄）四年七月水淹田（乘府志）蟲食稼殆
盡（胡府志）九月大雨稻成而不能刈（烏青志）五年旱（明世宗實錄）八年夏蝗
秋螟十年九月府城西門外地忽陷數十丈十一年庾村產芝之數
十本（乘府志○案明史世宗紀十二年免浙江被災稅糧而紀志並不言浙江水旱）十三年水災十四年
大旱十五年水災（胡府志）十六年水災（明史五行志）十九年蝗飛蔽天傷
稼大半（胡府志）二十二年水（明世宗實錄）二十三年大旱乏食（胡府志）二十
四年旱（明史五行志）太湖涸（太湖備攷）民有得軒轅鏡于其岸者（胡府志）人食
草根樹皮大疫（南潯志）二十七年十二月十四日大雷電（胡府志）二十
八年春太湖溢（太湖備攷）大水（史縣）三十二年旱（南潯志）三十三年地生毛

赤如馬鬣斑如蝟刺白如羊鬚或黍如虯鬚或剛如鹿角短者一二寸長者尺餘道路俱有暗室更多斷之有汁嗅之作腥烏青志　三十四年夏晝暝每歲日並出日光亦搖蕩不定十月天雨赤豆南潯志（按明史世宗紀三十六年冬免浙江被災稅糧而紀志並不言浙江水旱）　三十七年水南潯志　三十八年大旱湖府志　三十九年二月有二虎至峴山捕獲劉志　四月地震屋廬搖動如帆河水擁擊魚皆躍起明史五行志　七月天目山發洪水災二申野錄　峴山產芝數十本十二月雷電大作湖府志　四十年正月雪雷湖府志　閏五月至十月霪雨不息平地水高數尺禾沈水底大饑續文獻通攷　高濟壩決五堰之水下注太湖橫溢六部皆災太湖備攷　四十一年大水四十三年十一月二次大雷湖府志　四十四年六月地震烏青志　四十五年馬道人爲妖遶近大關各門名懸龍鳳麟龜四字以

厭之遂隆慶元年訛言朝廷選宮女子三吳間旬日民間婚嫁殆盡
南潯志二年正月元旦大風揚沙走石白晝瞑自北徹抵江浙皆同
大旱明史五行志太湖涸太湖備考三年五月大風雨田禾淹没秋亢旱大
荒南潯志四年水災續文獻通考山崩成湖六年四月黑眚見二申野錄雷遺
南潯志萬歷初有虎入市陌路捕獲劉志三年春苦旱四年昆山有五
色芝數生湖州府志五年六月連雨寒如冬南潯志六年大水明史五行志秋
螟害稼十月雨木冰七年大水淹禾冬至前一日大雷虹見八年
旱大饑湖州府志村墅間薄暮覺五里外洶洶人聲如捕賊者稍瞑益
近而厲如數千人水戰狀大呼聲撞火光四合燄在樹端震動天
地夜半方息潯鎮小品冬大寒太湖冰太湖備考九年大水浙江通志十年七月
十三日大風拔木太湖蛸處麥太湖備考十一年夏旱湖州府志十二年正

月十三日地震聲如雷烏青志 冬無雪十三年秋大水胡府志 十四年夏大水明史五行志 十五年元旦雨雪浹旬不止十六日雨木冰秋大風雨拔木太湖溢胡府志 平地水深丈餘明史五行志 饑疫死者棄尸滿道河水皆腥南潯志 十六年三月大饑疫明史神宗紀 五月大旱明史五行志 蝗饑殍載道民茹草木胡府志 十七年麥有秋六月至八月不雨無禾胡府志 大旱太湖水涸明史五行志 饑殍疫死無算胡府志 夏雪南潯志 十八年旱胡府志 十九年大水明史神宗紀○按紀二十年十月振浙江被災諸府而紀志俱不言二十年浙江水旱 二十一年范應期莊客家牛作殺人食之衍圖 饑明史神宗紀 冬不雨二十二年元旦雷雨胡府志○按胡府志引神宗實錄二十三年以歸烏長德四縣被災准折漕糧之半而明史紀志及舊府縣志並不言水旱 二十三年大雪平地丈餘兩月雪凍不釋死者甚衆鳥獸俱凍死胡府志 二十四年五月不雨至于七月續文獻通考

旱明史五行志七月十一日將夕河水忽涌起二尺餘少選復平如此者三南潯志八月驟雨如注狂風交作續文獻通考傷稻明史五行志拔木屋瓦皆飛胡府志經數日夜不息續文獻通考大水明史五行志山洪暴發廬舍傾圮圩岸崩頹郊原皆成巨浸續文獻通考冬大雪寒溪湖冰凍舟楫不通南潯志二十五年正月十二日雷電先作二十日大雪如氷二月初二日雨黑水初三四日落黃沙張朝瑞奏疏十九二十日連發黃沙胡府志二十六年水災續文獻通考冬大雪胡府志二十七年春夏淫雨傷麥明史五行志五月怪風拔木南潯志十二月龍見烏青志二十八年九月地震南潯志二十九年自春及夏淫雨不止二麥浸爛江湖水溢秋禾不能栽種胡府志六月寒飛雪成堆烏青文獻至七月始熱南潯志二十六日卯方黑氣見刻餘方滅胡府志八九月仍熱如故里無不病

之家家無不病之人三十二年疫南潯志十月初九日地震從震至坤三十三年夏大水廬舍漂沒民棲于舟湖府志三十四年夏旱傷稼烏青志三十五年淫雨三吳沈竈產蛙人相食二申野錄三十六年有怪鳥若兒啼即大雨如注四月朔至六月晦止湖水泛溢湖府志陸可行舟烏青志大饑湖府志三十七年秋大水明史神宗紀冬無雪三十九年黃梅無雨仍行秋四十年木稼先雷四十一年三月十四日大風冰墜湖府志四十二年霪雨緣災水饑明史五行志秋旱四十四年十二月初七日天鼓鳴漸湖田大熟高阜山鄉有蠡四十六年正月二十八日黑眚自北至乾湖府志十月雷電四十八年正月大雪二月連雨夏旱南潯志饑湖府志泰昌元年十月大雷電南潯志天啟元年大雪民間有天啟元年雪擁低椅之謠二年十二月二十二日地

饑湖府志 白毛生四年正月十一日黑雨烏青志 四月雨傷蠶麥五月梅雨浹旬秧苗盡沒湖府志 太湖溢舟行阡陌間太湖備攷 七月後大雨三日再插再淹一歲兩荒五年夏秋大旱禾盡槁烏青志 六月蝗災湖府志 七月朔大風拔木震雨如注屋廬俱壞兩晝夜方息烏青志 七年正月雷雨雪五月晝夜霪雨四境平沈秧苗盡沒六月水平復種至七月雨復如初種者又沒一歲兩荒南潯志 秋大風拔木太湖水溢蛟龍羣鬬湖府志 崇禎元年水七月二十三日大風拔木烏青志 二年四月地震閏四月又震十二月又震歲大祲南潯志 三年三月朔大雷雹拔樹鬼哭達旦聽之如在空中亦如在門庭家家悉聞二市野錄 四年大水南潯志 五年雨黑豆湖府志 自八月至十月七旬不雨明史五行志 饑六年二月雨雹南潯志 六月二十五日龍風拆屋拔木

烏青志水饑湖府志七年三月地震四月大雨雹八年大水秋蟊九年大旱酷熱十年大饑訛言太湖盜至民奔竄幾空南潯志十一年秋旱蝗烏青志太湖備攷十二年旱十二月霪雨阡陌成巨浸明史五行志十三年五月大雨七晝夜烏青志大水明史五行志沒禾蝗害稼湖府志饑明史五行志道殣相望十四年春大雪湖府志六月大旱蝗明史五行志霧纖之禾盡萎南潯志疫盛行所患病狀奇怪不測有名羊毛瘟者果品食物之中忽生羊毛一根人誤食之即病死慎餘編大饑十五年旱蝗蔽天而下所集之處禾立盡田岸蘆葦亦盡彌郊徧野民削樹皮屑雜稃秕食或掘山中白泥為食名曰觀音粉聊濟旦夕村落邱墟湖府志人相食盜賊蜂起大疫烏青志十六年雞羽生距夏大旱饑人相食湖府志十七年春大疫民嘔血縷即死地震生白毛民間有地動

白毛生老小一齊行之諺南潯志

大清順治二年七月十四日大風異常是夜驟雨傾盆平旦水漲數尺淹没禾頭或有旁生小穗者老農謂之苗節秋無收歲大祲湖府志　四年大饑南潯志　九月烏鎮報本橋至濟遠橋市河水忽涌起西岸街上三尺餘逾時乃退按吳系東籬野人詩草作丁亥仲春烏戍南栅有水如蓋涌起高三丈餘逆行數十步而滅　五年七月二十七日暴風至九月大疫死者無算烏青志　六年二月十六日雷電地震湖府志　十九日大雷雹五月大雨水溢麥無秋烏青志　七年三月太湖中三龍交鬭聽園雜志　夏大水湖府志　八月海水溢塘河味如鹵烏青志　九月中旬反舌復聲十一月朔午時日蝕既晝晦恆星俱見湖府志　八年正月地震南潯志　四月大水麥無秋湖府志　米騰貴太湖備攷　九年二月十四夜地震大水饑十一年冬大雪旬

傺湖府志 大寒太湖冰厚二尺二旬始解太湖備考 山中有僵死者羽族俱斃湖府志 十二年二月地震六月又震南潯志 秋旱蟊禾實未堅而萎十三年夏大水旱禾不登冬暖李杏重花百舌復鳴饑湖府志 十四年七月民間傳有妖人叫攝生魂又剪紙為貓虎形夜出厭人爪傷面目十五年地震大水冬霧十六年大水十七年九月霜降不殺草十八年大旱南潯志 康熙元年五月大水淹田失播秋旱湖府志 二年五月雪大疫南潯志 秋旱湖府志 三年閏六月雪南潯志 四年夏大水大風拔木折屋饑湖府志 冬寒太湖冰斷不通舟楫者兩月太湖備考 五年秋大熟斛米銀二錢田之所出不足供賦稅故粟盈倉委之而逃百貨充斥無過問者民間號為熟荒十二月地震六年十二月雷南潯志 七年六月十七日昏時地大震久之折屋壓死人民

山谷多生白毛長二三寸八年夏大水(湖府志) 十月大燠雷電(南潯志)
九年正月大雪二十八日積雪未消皆時紅光如電或云天狗星
見須臾有聲如雷而無餘音俗謂天鼓鳴(湖府志) 四月烏鎮西柵楓
橋街民家有蠶上箔結成幡長九尺許宛如旗幟或曰四隅有贅
如足類龍狀(烏青文獻) 五月淫雨連旬田疇盡沒(湖府志) 六月十二日太
湖水陡漲丈餘間以狂飆漂沒人畜墳墓廬舍無算(太湖備考) 九月雨
雹(烏青志) 十二月大雪丈餘鳥獸之食凍死(湖府志) 十年五月至七月
大旱燥熱常大燠草木枯槁人暍死者眾(烏青志) 溪水西流秋薄收
饑民采蕨為食繼以苗及榆皮十一年春旱麥有秋六月大水民
竭力戽救秋將成有螽不入境集于湖濱蘆葦之上而散八月初
旬忽大風雨降小蟲青黑色如蛾蠓又如蟯有足有翅飛食禾稼

立槁氣侵蠶種亦空民大饑胡府志 九月桃李花草木甲坼蠶蛹出蛻烏青志 十二月除夕雷電十三年大水十五年大水十一月地震十六年元日震雷大雪旱南潯志 李樹生黃瓜烏青志 十七年大水無禾十八年蟲災南潯志 十九年八月太湖溢太湖備攷 二十一年春恆陰麥無秋烏青志 大水南潯志 十一月堅冰烏青志 二十二年春久雨麥無收秋旱荒南潯志 十一月太湖冰凍月餘人履冰行太湖備攷 大寒忽暑熱雷電南潯志 二十六年大水秋螟食禾南潯志 二十九年十二月河冰不解三十年大水無禾三十二年二月大風霾五六月大旱九月大風雨湖溢淹稼民饑三十三年夏旱蝗災大殺三十四年五月大水三十五年七月二十三日大雨傍午颶風大作入夜愈猛飛瓦拔樹民居傾覆壓死甚夥烏青志 次日水漲三尺餘三十六年大水

南潯志 三十八年霪潦傷稼三十九年旱烏青志 十一月大寒太湖冰月餘始解太湖備攷 四十一年大水南潯志 四十二年三月十九日大雨雷雹烏青志 四十三年大水南潯志 四十四年三月大雷雨雹六月三日龍風大雷雨聾瞶四十六年夏大旱十月四日河水暴漲四十七年二月晦日大風雷雨雹五六月恆雨淹禾民饑烏青志 太湖水浮于岸太湖備攷 四十八年三月連旬大雨豆麥漂沒蠶亦傷新修府志 四月雹南潯志 小暑至處暑無雨禾枯瘟疫八月螺災冬旱蟲食菜四十九年四月恆雨蠶無收五月久雨田禾皆沒秋亢旱疫癘新修府志 五十一年秋霪雨太湖溢五十三年地震太湖備攷 大旱五十四年四五月連雨六月七月大風潮五十五年五月暴雨水溢苗盡爛五十九年夏旱六十年夏秋旱河底龜坼六十一年七月旱蝗有疾

歲大旱冬木冰南潯志　康熙年間北門外民婦產魚十餘條湖州西
北一日碧天無雲白日皎然有二龍游戲空中逾時不見東軒主人述異
記　雍正元年夏旱二年正月大熯七月大風太湖溢南潯志　太湖中
飛蝗蔽天食濱湖蘆葦殆盡不傷稼太湖備攷　四年八月初大雨浙江通志
至十月恆雨水漫陂塘村人駕船刈稻頭饑烏青志　八年五月大水
南潯志　十一月二十八日戌刻地震烏青志　十年正月天雨豆七月大
風雨傷稼南潯志　九月九日大風雹烏青志　十一年夏大旱十二年四
月大雨雹損麥南潯志　十三年七月二十日巳刻地震有聲如雷自
西而東烏青志　乾隆三年旱蝗南潯志　九月三日大風雨雹烏青志　十年
夏旱十一年正月雨木冰南潯志　十三年五月四月雨雹十四年夏
疫十六年夏大旱十七年四月四日卯刻地震烏青志　六月初六日

昏時星隕有聲八月大風拔木久雨大水十八年春夏久雨蟲災秋又久雨十九年水損稼二十年淫雨損麥蝗蝻生大水傷禾南潯志十二月朔未刻地震屋瓦皆鳴烏青志二十一年春大疫饑民食榆皮草根甚有搶劫者餓殍載道南潯志五月旱十月十六日亥刻地震二十三年夏大水田疇盡沒烏青志二十四年秋蟲傷禾二十六年大水二十七年雨損蠶收六月旱七月大風雨積水經月二十八年五月地震二十九年正月地震五月又震三十年正月地震大水三十三年大旱四月雨雹三十四年春夏霪雨連旬損蠶麥大水田禾淹沒秋無收三十五年春饑三十六年十二月雷電四十七年六月地震五十年大旱蝗自五月至七月不雨溪港皆涸苗盡槁南潯志西門外下塘地陷數丈民居屋脊與地相平屋中

人破屋而出什物一無損壞新齊諧　潮音橋下水素清有巨蚌每月
夜吐珠時見光怪起于明時是年橋下水將涸一日忽驟涸數尺
蚌浮水面大如扇張半殼如帆上有白光一道駛若激箭出南門
至前山漾而沒水亦頓落隋菴日記　五十一年春大疫饑夏蟲傷禾五
十四年大水五十五年大雪饑十二月雷電南潯志　五十六年正月
大雪一晝夜堆積數尺雪中有男女履跡各一兩兩相並屋上尤
多蘇松嘉湖皆然錢泳履園叢話　大水五十七年五月地震冬無冰五十
九年七月大風拔木寒如冬嘉慶元年正月大雪雷發九年五月
初至六月大雨田禾淹沒十年春大水麥無秋南潯志　十一年四月
八日湖漊大錢鎮龍鬭狂風暴雨煙燄騰射毀屋發塋覆舟拔木
焚溺驚壓死者甚衆守備謝發祖死焉徐熊飛白鵠山房集　十三年夏霪雨

十九年正月初四夜訛言太湖盜起民多驚走五月至七月不雨地生白毛禾半槁南潯志　龍見金蓋山澗中采訪冊　二十年二月初旬大燠既而雷電大雪南潯志　二十二年正月起至十一月霽雨間作天無十日晴稻穀俱槁柴薪大貴履園叢話　地生毛采訪冊　二十三年五月大雨雹南潯志　二十四年五月初八日一雨至六月七月八月皆無雨高田乾涸履園叢話　道光元年夏大疫俗稱弔脚痧死者無算新修府志　秋雞兩翅上俱生爪有五爪者皆飛上天履園叢話　二年正月大雪經旬夏旱三年霪雨自三月至五月不止禾未插秧大半被淹六月初七日大雨雹水勢漸退七月初二日大風驟雨水復頓漲數尺圩田僅存者是夕皆沒太湖水溢至冬初始平四年春大饑六月十五日大雨水勢驟涌平地數尺次日始退七年十二月大雪

雷九年夏秋旱十年夏旱南潯志 昇山有虎至傷人數日乃去董恂柴藤花館詩集十一年夏霖雨秋復久雨水災野鳧成羣食稻十二年饑築運河石塘以工代振夏旱十三年雨木害稼冬久雨十四年正月初二日大雪秋雨傷稼冬復霖雨十五年夏旱十六年正月初五日大雷電二月十二日大風雨雷雹十七年正月初二日風雪雷雹冬夏旱秋久雨十八年除夕大雷電十九年正月雷大雨雪九月二十三日地震大風發雨禾頭生耳十一月雷二十年夏久雨二十一年春大水秋霖雨大星隕于西南有聲如雷十一月大雪爲災平地積數尺二十二年六月戊寅朔日食既陰雲不見晝晦久雨南潯志 是月廿一日昇山黃龍洞有一巨蛇首在洞側而尾下注于溪長數十丈印雪軒隨筆 二十三年七月旱蝗食禾饑二十四

年冬久雨二十六年六月十二夜地震二十九年淫雨大水田禾盡没民屑榆皮爲食有雜以沙麵者食之輒斃三十年春饑咸豐三年三月初七夜地大震冬雨木冰四年夏霖雨十一月初五日申時河水忽漲起尺餘溝渠池沼皆然少頃即平東至吴江西至長興並同此異六年大旱溪水皆西流大饑七年夏蝗復生悉入水自斃或化爲蝦秋風雨損稼（南潯志）九年八月十九日申刻紅光竟天（吴鳴江溪漁話）十年二月初二日酉刻天半隱隱有兵馬聲從東北至西南（許旦復心靈雜鈔）冬秋久雨十一年十二月二十七日大雪至除夕始止積深一丈太湖凍人行冰上至次年元宵始釋同治二年海水溢河水皆鹹十年三月二十二日龍鬭狂風驟雨拔木毀屋覆舟傷人杭州紹興並同此異十一年三月十四日大雨雹四月

烏程西南山鄉或遺火茅草中延燒草木十餘里及歸安長興界始熄厝柩皆燬焚死數人十二年夏秋大旱田禾減收冬多雪大寒采訪冊　光緒元年五月水六月七月旱八月復水田禾減收郎抄二年秋民間傳有妖人剪人辮髮又有紙人猫兔夜出魘人鳴鉦驅之數月始息三年夏蝗冬久雨十二月大雪連旬郁寒太湖冰堅經月不解鳥獸凍斃四年春寒多雪久雨九月至十月恆陰久雨晚稻泡爛采訪冊

附錄

萬歷己亥迄乙巳有氣如虹見於弁山之阿長有五尺白若純緜名曰白鬻其時田禾秀而實者鮮矣三老謂祟在白鬻咸賽會祈禳鳴金競逐至丙午春季郊府陳幼學滌誠治醮驅之見白鬻自空

中冉冉而去歲大熟紛學有驪鸞記一䃫碑在府堂東壁下劉志
本朝康熙二十五年又有鸞災知府王階設壇于弁山佑聖宮驪
之刻有驪鸞神應記雍正十一年又有此災禾之秀者俱不實府
縣通詳始奉嚴駮繼查得陳王二公碑文具詳得邀　題請蠲糧
改折吳俗方言謂虹曰鸞白鸞云者猶言白虹也○胡府志

烏程縣志卷二十七

汪曰楨纂

【光緒】歸安縣志

（清）李昱修　（清）陸心源纂

清光緒八年（1882）刻本

歸安縣志卷第二十七

前事略

祥異

宋太平興國六年大水雙林志烏青志

咸平元年春夏旱宋史五行志

二年春旱宋史五行志

三年大饑民疫死雙林志南潯志

景德二年饑五行志

大中祥符五年五月旱眞宗紀

七年饑眞宗紀

天禧三年饑五行志

乾興元年二月雨壞民田五行志

天聖元年六月大水饑烏青志

四年九月雨水壞民廬舍南潯志

寶元元年旱無禾烏青志

二年民大饑乾隆府志

慶歷八年大水田渰殘盡南潯志

皇祐二年大水乾隆府志

嘉祐五年七月水災五行志

六年七月淫雨爲災五行志

熙甯三年旱五行志

四年水災神宗紀

五年水災神宗紀

七年八年大旱民多殍死烏青志

十年旱五行志

元豐四年七月大水太湖備考

六年正月大雨至于六月太湖泛溢田不布種民散

走乞食范祖禹論浙西賑卹狀

元祐元年旱五行志

三年秋旱五行志

四年夏旱文獻通考

五年水災哲宗紀

六年七月水災哲宗紀

紹聖元年海風害民田五行志

四年夏旱五行志饑哲宗紀

元符二年六月久雨水患五行志

建中靖國元年旱徽宗紀饑五行志

二年蝗徽宗紀

三年四年連歲大蝗其飛蔽日五行志

大觀元年十月水災五行志

三年旱徽宗紀

政和元年冬大雪積丈餘太湖備考

五年八月水災五行志

重和元年夏大水民流移溺者衆五行志

宣和元年水災南潯志

三年蝗五行志

六年秋水災民多流移五行志

建炎二年春水南潯志

三年五月霖雨夏寒秋旱南潯志

四年夏秋旱大饑南潯志

紹興元年六月大疫五行志

二年春饑斗米千錢時餫餉繁急民益艱食五行志

四年六月淫雨害稼五行志

五年五月旱八月大雨太湖溢南潯志

七年旱南潯志

十四年大水夷堅志

十七年大水南潯志

十八年旱五行志

二十四年旱五行志

二十八年大風水溢五行志

二十九年秋旱五行志

三十年五月久雨傷蠶麥害稼五行志

三十二年六月大霖雨山涌暴水漂民舍壞田覆舟

淮南北蝗飛入境聲如風雨五行志

隆興元年旱八月飛蝗蔽天日害稼五行志

二年七月大雨害稼大水浸城郭壞廬圩田軍壘操舟行市者累日人溺死甚眾越月積陰苦雨水患益甚饑民疫者尤眾五行志

乾道元年二月寒敗首種損蠶麥六月水壞圩田大疫大饑殍徙者不可勝計五行志

二年正月淫雨至于四月夏寒損稼蠶麥不登五行志

三年八月水壞民田廬時積潦至于九月禾稼皆腐五行志

六年五月大水秋蝗為害冬饑五行志

淳熙二年秋旱蝗五行志

三年五月積雨損禾麥八月連雨癸未行都大雨水壞德勝江漲北新三橋流入湖州害稼五行志

六年秋水壞圩田五行志

七年夏秋旱夷堅志饑五行志

八年七月不雨至于十一月旱五行志

九年春大無麥饑五行志八月蝗孝宗紀
十四年五月旱至于九月乃雨五行志
紹熙四年四月霖雨至于五月壞圩田害蠶禾蘇睦自
六月不雨至于八月五行志
五年春自去冬不雨至于夏八月霖雨害稼饑冬無
麥苗五行志
慶元元年九月久雨南潯志
二年大水蟲災南潯志
三年春夏不雨禾稼不能入土南潯志
四年饑五行志

五年六月霖雨至于八月五行志

嘉泰二年旱五行志

四年五月不雨至于七月旱五行志

開禧元年夏不雨百餘日五行志

二年四月地生毛茗紀

三年夏秋久旱大蝗羣飛蔽天日[illegible]菜皆旣于蝗五行志

六年夏多雨雹害稼甯宗紀

嘉定元年五月大蝗五行志

二年旱大蝗五行志

六年夏雹害稼六月雨至于七月大水五行志

七年六月蝗五行志夏秋大旱南潯志

八年春旱首種不入至于八月乃雨飛蝗蔽天饑南潯志

八月辛丑火燔寺觀延燒三百家五行志

九年四月六月大霖雨五行志

十一年饑饉無麥苗六月霖雨五行志

十四年旱南潯志

十五年七月霖雨爲災五行志

十六年五月霖雨無麥苗五行志

嘉熙四年六月大旱蝗理宗紀

淳祐二年盛夏積雨大水理宗紀

七年旱南潯志

十一年多水五行志

寶祐二年大水南潯志

三年五月大水理宗紀

開慶元年大水南潯志

景定三年八月蝗五行志

咸淳三年大水南潯志

六年閏十月水度宗紀

德祐元年大水南潯志

元至元二十三年大水南潯志

二十四年水元史世祖紀

二十五年三月大水壞田稼續文獻通考

二十七年大水南潯志

二十八年饑南潯志

二十九年六月甲子水丁亥大水世祖紀

元貞元年五月水成宗紀

大德元年大水南潯志

二年七月水成宗紀

五年七月積雨泛溢大傷民田南潯志

六年六月饑成宗紀

七年六月淫雨民饑成宗紀

十一年七月水民饑成宗紀

至大元年六月饑武宗紀

四年十二月水災武宗紀

延祐三年雨田半淹五年雨田淹過半六年七年亦如之大饑南潯志

至治二年大水南潯志

泰定二年五月霖雨江湖水溢泰定帝紀

天歷元年八月水沒民田五行志

二年八月旱五行志大雨雪冰厚數尺研北雜志

至順元年二月大水七月復大水太湖備考壞民田五行志

二年八月水潦害稼九月久雨太湖溢漂民居溺死

男女文宗紀

三年大水南潯志

元統二年五月大饑順帝紀

至元二年旱自春至于八月不雨民大饑順帝紀

三年水田半渰四年六年如之南潯志

至正元年四月水災順帝紀

二年大水田禾渰没大風駕太湖水洶洶而入民廬

頃刻倒蕩名曰湖翻萬歷府志

六年七年大水無秋八年十年十一年亦如之南潯志

十二年三月二十三日黑氣亘天雷電中有物若果核與雨雜下五色間錯光瑩堅固破其實食之如松子仁皆曰婆娑樹子閏四月十二日復雨人初不以為異及九月紅巾來犯雨核之地悉被兵火輟耕錄

十三年大水十五年十六年亦大水南潯志

二十年饑南潯志

明吳元年夏旱明史太祖紀

洪武二年大水乾隆府志

六年水災康熙縣志

八年十二月水九年水災太祖紀

十七年大水十八年二十年二十二年二十七年如

之三十一年水三十五年亦水南潯志

永樂元年大旱蝗南潯志

二年六月水成祖實錄

三年六月水災成祖紀

四年饑五行志

九年七月淫雨沒田成祖實錄

十一年水南潯志

十二年水災成祖紀

十三年旱五行志

十四年水

十六年大水二十年二十一年如之南潯志

洪熙元年六月大雨沒田仁宗實錄

宣德五年大水南潯志

七年久雨沒田宣宗實錄

九年十月饑宣宗紀

正統三年旱饑五行志

五年正月大雪二旬積丈餘南潯志水災英宗前紀

七年旱五行志

九年閏七月水五行志隄防衝決渰沒禾稼英宗實錄

十一年六月大雨水五行志

十二年大旱蝗饑英宗實錄

十四年大水無秋太湖備考

景泰元年正月大雪二旬夏復滛潦大饑南潯志

四年十一月至明年孟春大雪五行志

五年大雨傷苗六旬不止五行志夏大水秋亢旱大饑

疫太湖備考

六年旱南潯志

七年八月自四月至六月大雨水渰沒禾稼七月至

是月復亢旱 英宗實錄廢帝郕戾王附錄

天順元年四五月連雨苗爛 英宗實錄

四年四五月陰雨連緜江湖泛溢麥禾俱傷 英宗實錄

八年大水饑 萬歷府志

成化元年久雨無秋 南潯志

六年四月水災七年八月水災九年四月十年六月

亦水災 憲宗實錄

十二年冬大雪大寒十五年九月地震十七年春夏

不雨七月雨有颶風八月連大雨太湖水溢平地深

數丈九月朔大風雨晝夜如注至冬無日不雨禾稼
僅存者悉漂沒明年大饑二十年水大饑二十二年
大水南潯志
宏治四年水五年又水孝宗實錄
七年大水南潯志
八年饑五行志
十五年冬大雪十六年冬又大雪積四五尺太湖備考
十八年九月十三日郡中地震生白毛萬歷府志
正德三年大旱河水竭地震萬歷府志
四年大水民疫五年復大水疫甚地震生白毛萬歷府志

七年三月地震有聲南潯志

八年四月連日大風雨洪水泛溢十二月大雪丈許南潯志

十年水災武宗實錄

十二年大雨殺麥禾大水五行志

十三年水災武宗實錄

十四年水災康熙縣志七月二十日辛亥洎二十六日丁巳至八月十四日白露節狂風大雨初六日諸山泛洪大水突出平地丈餘田禾盡渰房屋人畜漂溺不計數若紀

嘉靖元年水災史槩

二年大水歲三至乾隆府志

三年大饑萬歷府志

四年七月大水康熙縣志

八年夏蝗秋螟萬歷府志

十三年水災萬歷府志

十四年大旱萬歷府志

十五年水災乾隆府志

十九年蝗飛蔽天傷稼大半乾隆府志

二十三年大旱乏食乾隆府志

二十四年大旱康熙縣志

二十七年十二月十四日大雷電康熙縣志

二十八年大水康熙縣志

三十四年晝暝日光亦搖蕩不定康熙縣志

三十七年水南潯志

三十八年大旱乾隆府志

三十九年四月地震屋廬搖動如帆河水撞激魚皆躍起五行志

四十年正月雪雷乾隆府志大水無禾康熙縣志

四十一年大水民饑疫康熙縣志

四十三年十一月大雷二次萬歷府志

隆慶三年五月大風雨田禾渰沒秋亢旱大荒康熙縣志

四年水災續文獻通考

萬歷六年大水五行志秋螟害稼十月雨木冰乾隆府志

七年四月大水渰禾十一月冬至前一日大雷虹見乾隆府志

八年閏四月大水民饑九年又大水康熙縣志

十一年夏旱康熙縣志

十二年冬無雪康熙縣志

十三年秋大水康熙縣志

十四年夏大水五行志

十五年元旦雨雪浹旬不止秋大風雨拔木太湖溢康熙縣志

十六年蝗旱且疫康熙縣志

十七年夏大旱饑殍疫死無算康熙縣志

十八年旱乾隆府志

十九年秋大水乾隆府志

二十二年元旦雨雪康熙縣志

二十三年大雪平地丈許乾隆府志

二十四年五月不雨至七月續文獻通考五行志旱八月雨

如注狂風交作（續文獻通考）傷苗（五行志）拔木屋瓦皆飛（乾隆府志）經數日夜不息（續文獻通考）大水（五行志）

二十五年二月癸亥黑雨雜以黃沙（五行志）

二十六年九月水災（續文獻通考）

二十七年春夏霪雨傷麥（五行志）五月二十五日怪風拔木（康熙縣志）

二十九年自春及夏淫雨不止二麥浸爛江湖水溢不能栽種二十六日卯方黑氣見刻餘方滅（乾隆府志）

三十二年十月初九日地震從震至坤（康熙縣志）

三十三年夏旱（康熙縣志）（乾隆府志作大水）

三十六年夏五月霪雨湖水泛濫無禾民大饑乾隆府志

嚴自明災略記湖郡素號澤國十年九潦民不聊生賦重役繁家罕積貯然卒未有洪流泛溢饑饉荐臻如今歲之甚者姑不暇遠舉如嘉靖之四十年隆慶之三年萬歷之七年十五年皆稱稽天巨浸然水之來也胥在五月之後民間麥秋已登麻菽盈筥蠶桑既實歲功已獲其半矣況水勢之溢高不過六七尺而止下田之淹者十六中田之淹者十四且室廬未壞桑柘未枯瓜蔬蕎芋尚被于陵阜菱芡芙蕖猶覆于湖面是天雖降災而地尚有遺利也然而捐瘠者己載道父子夫婦相食者已日有聞矣今歲之水起自四月初旬延綿至五月下旬淋漓者五十日泛溢者一丈餘惟時麥將黃而未刈蠶將實而未收麻菽與荇藻俱沈瓜蔬共芋芡同腐三農春熟掃地無餘又水日高太湖泛漲斥鹵原隰混爲一區卬陵墳衍化成陸海尺地寸田靡遺莖穗兼之室廬敗壞牆壁傾頹河魚游於竈下居民宿於樹巔桑株黃萎桃李涸枯天之降割下民至此極矣而又亂民四起盜賊充斥晝則鄉里無賴什伯成羣望屋而投排門而入

指囷而取揭釜而食斗粟尺布搜索無遺夜則持矛然炬突進爭先殺人如芥弃屍漂河叫號之聲徹夜不絕居民挈妻襁子載之扁舟棄家室鷄犬以避地於高原者什而五六盛夏草木黃落村墟百里無烟聞之百年父老皆言吳中水灾未嘗目擊如此之酷者也

三十七年冬無雪三十九年黃梅無雨仍有秋四十年未蟄先雷四十一年三月十四日大風雹乾隆府志

四十二年秋旱康熙縣志

四十四年十二月初七日天鼓鳴瀕湖田大熟高阜山鄉有蝗康熙縣志

四十六年正月二十八日黑黴自巽至乾康熙縣志

四十八年夏旱南潯志饑米騰貴乾隆府志

天啟元年大雪民間有天啟元年雪撞撩檐之謠乾隆府志

三年十二月二十二日地震乾隆府志

四年四月雨傷蠶麥五月梅雨浹旬秧苗盡沒七月後大雨三日再插再渰一歲兩荒康熙縣志

五年夏大旱康熙縣志

六年蝗災八月十六日辰風從西北方起蝗飛集蔽野至西纔止次日復然田禾地菜食盡知縣馬思理爲文檄之康熙縣志

七年正月震雷雨雪五月晝夜淫雨四境平沈秧苗盡沒六月水平復種至七月雨復如初種者又沒一

歲雨荒南潯志

崇禎二年四月地震閏四月又震十二月又震歲大祲南潯志

四年大水南潯志

五年雨黑豆乾隆府志

六年水民饑乾隆府志

七年三月地震四月大雨雹南潯志

八年大水秋蟊南潯志

十一年秋旱蝗太湖備考

十二年旱十二月霪雨阡陌成巨浸五行志

十三年五月大雨七晝夜（烏青志）大水溢街市田禾盡淹民大饑草根樹皮俱盡（康熙縣志）

十四年春大雪六月旱飛蝗害稼民大饑知府陸自巖有祈雨驅蝗文申詳不及疏聞（康熙縣志）

十五年旱蝗蔽天而下所集之處禾立盡田岸蘆葦亦盡民削樹皮木屑雜糠秕食或掘山中白泥爲食名曰觀音粉（乾隆府志　沈某奇荒紀略崇禎十三年五月十三日晝夜傾盆大雨水勢驟發霪時洶涌不分隄岸屋宇傾頹强橫之徒三三五成羣鼓噪就食街坊罷市鄉村閉戶人情洶洶太守陸自巖莅任後擒其首事豪强斂跡人心稍定然田禾不能下秼直至六月二十以後水退米價每石一兩五六錢十四年黃梅無雨有力者盡力車戽近水低田閒種十之一二直至六月初九始雨雖有補種者

而時逾大暑已亥秋令嫩苗不耐風霜收成無幾米價每石三兩五六錢其未雨之先斗米千錢從所未聞雨後稍甦然三兩之價終歲不減餓殍載道幽僻之鄉人相食十五年元旦大雪諺云歲朝大雪好種田人人相慶以爲豐年有兆豈意春後大疫尸骸載道好善者爲收斂隨地掩埋以免穢氣夏至以後閭巷之門十損七八閭門全沒者有之含山左側地名良村强徒數百嘯聚作亂幸蒙天討不日殲滅其在平民不受屠戮之苦則罹瘟疫之災非特無蠲免之政又復嚴刑催科是年芒種得雨將次插秧忽六月中旬連朝大雨高阜無害低田淹沒水勢經月不消百千圩岸悉成沼池不知今冬國税又將何償

十六年雞羽生距夏大旱饑人相食斗米四百錢康熙縣志

十七年春大疫民嘔血縷即死地震生白毛南潯志

大清順治二年七月十四日大風異常是夜驟雨傾盆

平旦水添數尺淹沒禾頭或有旁生小穗者老農謂之苗箭秋無收歲大祲乾隆府志

四年大饑南潯志

五年大疫南潯志

六年二月十六日雷電地震乾隆府志

七年夏大水乾隆府志

八年正月地震南潯志雙林志四月大水麥無秋乾隆府志

九年二月十四夜地震大水饑乾隆府志戶部題請改折康熙縣志

十一年冬大雪旬餘乾隆府志

十二年二月地震六月又震南潯志秋旱蝗禾實未堅
而萎乾隆府志
十三年夏大水禾不登冬暖李杏重花百舌復鳴饑
乾隆府志
十五年地震大水冬雷雙林志
十六年大水乾隆府志
十八年夏旱米價每石一兩七錢雙林志
康熙元年五月初大水潦田失播秋旱乾隆府志
三年五月二十六日雨雪雙林志南潯志作閏六月
四年夏大水大風拔木折屋秋大水饑乾隆府志

五年十二月地震雙林志

六年十二月雷雙林志

七年六月十七日昏時地大震久之折屋壓死人民

山谷多生白毛乾隆府志

八年夏大水乾隆府志

九年正月大雪二十八日積雪未銷昏時紅光如電或云天狗星見須臾有聲如雷而無餘音俗謂天鼓鳴五月霪雨連旬田疇盡沒乾隆府志六月十二日太湖水陡漲丈餘閒以狂飆漂沒廬舍無算太湖備考民大饑死者相枕籍康熙縣志

十年夏大旱自五月至七月不雨苗盡槁秋薄收康熙縣志

十一年夏大水民竭力戽拯秋將成有螽不入境集於湖濱蘆葦之上而散八月初旬大風雨降小蟲青黑色如蟻蠓又如螘有足百翅飛蝕禾稼立槁氣侵蠶種亦空民大饑乾隆府志

十二年除夕雷電雙林志

十三年大水米石銀七錢雙林志

十五年大水十一月地震雙林志

十六年元旦震雷大雪南潯志自五月不雨至七月始

雨河盡涸八月飛蝗蔽天過而不下雙林志

十七年大水無禾雙林志

十八年蟲災雙林志

十九年夏秋大水雙林志八月太湖溢太湖備考

二十二年春久雨麥無收南潯志

二十三年夏旱秋米貴雙林志

二十四年秋旱歉收雙林志

二十六年大水秋蝗食禾南潯志

二十七年夏旱秋大風雨禾盡爛雙林志

二十八年十一月大雪河凍不通舟楫者數旬雙林志

二十九年春旱五月大雨至六月不止田廬俱壞冬大寒雙林志
三十一年五月不雨至六月始雨雙林志
三十二年二月十八日大風霾五六月大旱田不獲插九月大風雨湖溢渰稼米貴民饑南潯志
三十三年夏旱蝝災大疫雙林志
三十四年五月大水没田六月雹大如拳壞民房民舟雙林志
三十六年大水南潯志雙林志
三十九年秋旱雙林志

四十三年大水南潯志雙林志

四十六年夏大旱十月四日地震河水暴漲烏青志雙林志

四十七年五月恒雨渰禾民饑烏青志食樹皮鬻妻子雙林志

四十八年三月大雨連旬豆麥漂沒蠶亦傷小暑至處暑無雨禾枯瘟疫八月蝗災冬旱蟲食菜雙林志

四十九年四月恒雨蠶無收五月久雨田禾皆沒秋旱疫癘無收雙林志

五十四年四五月連雨南潯志害稼米石一兩三錢雙林志

五十五年夏水雙林志

五十九年夏旱烏青志

六十年夏秋大旱烏青志雙林志

雍正元年八月至十月恆雨饑雙林志

四年八月大雨浙江通志太湖溢田禾被淹雙林志

七年五月歸安民王文隆家蠶同織瑞繭一幅長五尺八寸寬二尺三寸總督性桂奏進浙江通志

八年五月大水十一月地震南潯志雙林志

十一年夏旱南潯志雙林志

十二年四月大雨雹損麥南潯志雙林志五年歸安月河鋪民劉子晉妻姚氏年百歲總督程元章具題浙江通志

十三年七月二十日地震有聲如雷雙林志烏青志

乾隆三年夏旱雙林志九月三日大風雨雹烏青志

六年秋七月大雨田禾淹沒過半長興志雙林志亦云秋大水

九年秋大水雙林志

十三年多雨長興志饑五月雨雹斗米銀三錢雙林志南潯志

十六年夏旱秋蟲傷禾南潯志雙林志

十七年四月四日地震八月大水雙林志南潯志

十八年春夏久雨蟲災南潯志雙林志

十九年水損禾稼雙林志南潯志

二十年大水田禾淹沒蝗蝻生米石三兩二錢雙林志

二十一年春大疫饑民食榆皮草根雙林志南潯志

二十三年夏大水田疇盡沒烏青志

二十四年秋蟲傷禾雙林志南潯志

二十七年水災乾隆府志

二十八年五月地震雙林志南潯志

二十九年正月地震五月又震雙林志南潯志

三十四年春夏淫雨損蠶麥田禾淹沒秋無收雙林志南

潯志米石三兩六錢雙林志

三十六年十二月雷電南潯志雙林志

四十四年六月亢旱八月二十日地震雙林志南潯志

四十七年六月地震自五月至七月不雨溪港皆涸

茜盡橋雙林志南潯志

五十一年春大疫雙林志

五十四年大水雙林志

五十五年大雪饑十二月雷電雙林志

五十六年大水雙林志

五十七年五月地震冬無冰雙林志十一月初一日甘

露降于東林山回仙館十五日復降後或五日或十
日時降東林山志
五十九年七月大風拔木寒如冬南潯志
嘉慶元年正月大雪苦寒南潯志
八年春冰凍逾月四月久雨米價涌貴雙林志
九年正月恆雨雷雪五月至六月連旬大雨田禾淹
沒饑米石五千錢雙林志
十三年夏霪雨雙林志
十九年閏二月大雪五月至七月不雨地生毛七月
初二日天鼓鳴冬無收雙林志

二十年二月初旬大燠既而雷電大雪十月二十一日地震雙林志

二十三年五月大雨雹雙林志

二十四年夏旱雙林志

道光元年夏大疫雙林志

三年正月十四日雷雙林志 淫雨自二月至五月不止禾未插秧大半被淹六月初七日大雨雹水勢漸退七月初二日大風驟雨水復頓漲數尺圩田僅存者是夕皆沒太湖水溢至冬初始平南潯志

四年春大饑六月十五日大雨水勢驟涌平地數尺

次日始退南潯志

七年十二月雷大雪南潯雙林志

九年秋旱南潯雙林志

十年夏旱南潯雙林志

十一年夏霖雨秋復久雨水災野覓成羣食稻南潯志雙林志

十二年夏旱饑南潯雙林志

十三年雨水害稼冬久雨南潯雙林志

十四年正月大雪秋雨傷稼冬復霖雨南潯雙林志

十五年夏旱南潯雙林志

十六年正月初五日大雷電二月十二日大風雨雷電雹（南潯志　雙林志）

十七年正月初二日風雪雷電雹夏旱秋久雨（南潯志　雙林志）

十八年除夕大雷電（南潯志　雙林志）

十九年九月初二日地震積旬淫雨禾頭生耳十一月雷（南潯志　雙林志）

二十一年春大水秋霖雨有大星白東南流至西北有聲如雷十一月大雪積丈餘爲災（南潯志　雙林志）

二十三年七月旱螟食禾饑（南潯志　雙林志）

二十四年冬久雨南潯志雙林志

二十六年六月十二日夜地震南潯志雙林志

二十九年霪雨大水田禾盡沒民屑榆皮爲食大饑南潯志雙林志

三十年春饑米石錢六千南潯志八月十三四日霪雨大水沒田禾采訪冊

咸豐三年三月初七夜地大震自是連日小震月餘始定雙林志

四年夏霖雨十一月初五日申時河水忽漲起尺餘溝渠池沼皆然少頃即平南潯志雙林志

六年夏大旱饑雙林志　秋風雨損稼南潯志

八年夏薪米價俱湧貴南潯志

九年蝗雙林志

十年秋久雨雙林志

十一年十二月二十七日大雪起至除夕止積深一丈餘湖凍人行冰上至次年元宵前始解雙林志鈕福皆記

災黎同治元年五月初三日湖城陷難民之出城者匍匐顛連不絕於道越旬日雙林撫卹局司事沿城收載并越險入城裝載婦稚之不能出城者至晟舍利濟寺起篷廠煮粥留養為同善局有疾病者醫治之有親友可託者資遣之兼辦收殮掩埋之事惟難民愈聚愈多復於雙林南柵添設粥廠為分局八月湖同善局亦遷焉是年收養難民九千四百有餘司其事者楊寶彝蔡坊沈鳳藻張維楨丁寶書施補華

等後林亦於五月起設同仁局收養過往難民九千二百有餘司其事者張權等其有赴滬者滬上設容寓兩處又益篷廠十餘間留養難民一千四百有餘內外經費先由周侍御學濬趙太守炳麟稟請大憲將絲捐項下濟湖餉款銀二萬六千五百八十三兩五錢五分六釐撥作撫卹湖屬難民之用又益之以殷富捐絲捐而用始充惟是由滬達湖徧地皆賊轉運甚難乃以盛澤爲總匯有王西泉主其事銀米雜糧由滬棗寄盛澤分撥各局冬則製新舊綿衣數千散給之湖民出水火而登衽席乃有飽食煖衣之樂二年十月江蘇克復又散出被脅湖民二千餘人於婁門內設局招撫時楊錫麟封有賊米數百石盡出而賑濟之復於同里黎里分局招撫流民至三年七月盡撤是月湖城克復江浙肅清而前後難民始得歸故土焉吾湖自明初至今五百餘年不見兵革粵匪之變血戰三年民之死於鋒刃轉乎溝壑者不可勝數其得慶生還之樂者僅此孑遺耳福皆奉憲委辦理撫卹之事其於難民情狀益目見之而身親之因述其顛末而爲之記

同治二年海水溢河水皆鹹新府志

六年五月霪雨害稼新府志

十年三月二十二日龍鬬狂風驟雨拔木毀屋覆舟傷人陸心源記異同治十年三月二十二日天日晴朗將晡雷聲殷然有大風從西來如萬馬奔馳如怒潮洶湧黑雲壓簷大雨如注屋瓦盡飛約炊許始定湖州府城之南街蓮花莊及城南之郭西灣沈店橋城東之烏山二里橋等處民居半毀壓斃數十人踣歸安縣學牌坊二拔大榆樹一拔愛山臺下王氏宗祠大銀杏樹一而城北十里外居民若不知也者聞杭州紹興同日被風尤烈是日余以祭先資政墓至城南三十里之逆村乘風挂帆而歸快甚未至九里山里許風勢漸猛忽見四山如墨亟呼舟人收帆風已吹舟入葦中簸盪者再須臾至碧浪湖則見覆舟滿湖矣蓋風勢自西而東九里山在碧浪湖南不當其衝故舟得無恙是日也屋有對衝望宇而毀完殊者樹有同植並列而折全異者論者以為龍爪

所及則毀否則全憑以人事論之對衡望宇而毀完殊者其毀者必舊居也否則雖新而功必疏其完者必新居也否則雖故而功必堅亦有堅而反毀疏而非完者其堅者必高而無所依其低者必低而有所倚者也樹有同植並列而折全異者其折者必老樹也其全者必新樹也樹老則蔭茂而根空蔭茂則受風根空則易折樹新則枝低而本實枝低則避風本實則難搖理固然也嗟乎宇宙不齊之故古今難測之機盡此矣故君子語常而不語怪任理而不任數信道而不信神

十一年三月十四日大雨雹新府志

十二年夏秋大旱田禾減收冬多雪大寒新府志

光緒元年五月水蠲免有差

二年七月訛傳妖人剪紙爲人剪人辮髮中夜壓人紛紛驚擾徹夜不眠時前廣西道御史周學濬廣東

高廉道陸心源皆家居力辨其妄言于府縣請治造言者以安人心從之而妖言漸息是月十七日起至八月初始息案順治丁酉七月間亦有此異見蚓菴瑣語

三年夏蝗不為災秋螟害稼冬多雪大寒河冰旬餘

四年三月久雨米價湧貴五月不雨夏大熱採訪冊

前廣東分巡高廉兵備道邑人陸心源纂

南潯鎮志稿

周子美纂修

稿本

災祥

民國元年秋大水、
二年二月二十七日地震、
三年正月大旱、
四年秋大水、
五年十二月大寒、河渠皆冰、舟楫斷者十日
六年正月初二日晨刻地震夏旱、十一月大寒、河渠悉冰、舟楫
旬日不通
七年正月初三日未刻地震夏大旱、河道淤淺、九月時疫盛行、
死亡相繼、

廿九

八年夏秋霪雨為災，田禾尽没。閏七月始開霽，補種不及。義倉

出米平糶，紳富佽助二萬元，自閏七月至八月止。義倉清查

十二莊貧户八千二百零八，大口二萬七千六百三十八，小

口一万四千五百三十三，每月需米五千二百石，每石糶出

四元六角，糴入連耗費六元六角。

十年十一月初三夜七時地震，约三分鐘始止

十四年秋螟虫為災，是冬出倉米平糶

十捌年歲又饑，出倉米平糶。

二十年夏大水，秋又霪雨兼旬，田禾尽没，米每石貴至十八元。

集資市米放賑。

二十一年大饑，七月鄉民二三千人蜂擁至鎮搶米，士紳乃集

資市米借放、名曰借米、
二十三年黄霉無雨、夏酷暑、河道水涸可行人、惟運河尚通、四鄉田畦龜坼、稻苗俱槁、绅士籌置庳水機灌注、以資補救、共購機十四具、分發十二莊、鄉民使用、共費銀七千元、但入秋得霖、已不及補種、出倉粟四千石、更市米一千三百石、麵粉七千包、借放、此次办法、根据民廿一年及廿二年成例、借放每户借米五斗、如舊欠未清、則每户借麵粉兩包、以上对鄉户而言、鎮區調查極貧二千二百五十六户、每户借米弍斗、
二十四年中秋夜大風继之雷雨、田禾風吹尽萎、
二十六年十一月、日寇至鎮、綸隔佰焚屋五千餘間、詳被焚房屋調查表

（清）蔡蓉陞原纂　佚名增删

雙林記增纂

民國間重訂鈔本

雙林記增纂卷之十

蔡蓉升雪樵甫謹纂

春秋書災異洪範應庶徵天人感名祲瑞同符雨錢雨血前朝尚有流氛產鳳產龍下里豈無嘉頌朱柯紫笋謝家之寶樹堪誇殿草郊雷明堂室之元修足警況乎彗星德雨可知惟正勝妖兼之嗟食枕戈眼見因師生棘故災先祥後然非齊諧志怪之文而休寡咎多聊當鄭俠繪圖之意用昭厥罰以修救云爾記災異

災祥

唐長慶四年湖州大雨水太湖汎溢五行志縣志作二年

乾符三年江淮盜張雄燒刦民房談志

宋太平興國六年大水

咸平元年旱二年旱　三年大飢民疫死者衆

景德二年飢

大中祥符五年旱　七年飢

天禧元年蝗民飢　三年飢

乾興元年春水壞民田通攷

天聖元年大水飢　四年九月雨水壞民廬舍

寶元元年旱無禾　二年飢

慶歷八年大水田渰幾盡

皇祐二年大水唐樞縣志作慶歷庚寅劉沂春高必騰縣志作慶歷九年並譌 四年水

嘉祐五年秋大水縣志作六年

熙甯三年旱 四年水災 五年水 六年飢 七年大旱

八年連大旱民多殍死吳興掌故集作治平八年譌 十年春旱

元豐四年大水 五年久雨太湖水溢 六年春正月大雨至六月太湖泛溢田不布種廬舍漂蕩民散四方范祖禹論賑卹狀縣志作元祐六年

元祐元年春旱 三年秋旱 四年夏旱飢疫大作 五年水災

六年水災劉沂春縣志云龍川略志謂大旱誤

災祥

紹聖元年海風害民田九月地震　三年地屢震　四年旱
元符元年旱　二年六月久雨
建中靖國元年自七月雨至十月水
崇甯元年旱飢　二年蝗　三年蝗　四年水
大觀元年水災　三年旱
政和五年秋八月水通攷
重和元年大水
宣和元年水災　二年秋九月夜鷄齊鳴談志方臘來寇焚燬無遺
同上　三年蝗　六年水災

炎建二年春水同上　三年五月霖雨　夏寒秋旱　四年二月大疫夏秋旱大饑胡承謀府志作霪雨害稼乃紹興四年事

紹興元年飢六月大疫　二年春飢斗米千錢時餫饟繁急民益艰食八月地震　三年旱八月地震　四年六月霪雨害稼粟祈　六年府志作建炎八年譌　五年五月旱三十餘日八月大雨太湖溢地震　七年旱　十三年三月望大雪　十四年大水　十七年大水　十八年旱饑　二十三年大水　二十四年旱　二十八年秋大風水溢五行志　蠲逋賦高宗本紀　二十九年秋旱民饑吳興備志云掌故集宣和二十八年苏湖大水誤按宣和僅七年攷宋史湖秀諸州飢在紹興二十九年徐誤以紹興為宣和

災祥

348

二十九年為二十八年今正之溽志按宋史紹興二十八年之誤倫志謂当作二十九年則以旱災為水災亦誤也

三十年五月久雨傷蠶麥五行志汪謝城南溽志作三十年秋旱十月螟蝝註胡承謀府志作久雨劉沂春縣志作水並三十一年事

三十二年六月大霖雨淮蝗溽志作江東飛入湖境害稼聲如風雨民飢斗米千錢談志

隆興元年八月大風水飛蝗蔽天螟害稼　二年七月大水壞廬舟行街市人多溺水死越月積陰苦雨水患尤甚民飢疫大行

乾道元年二月寒敗首種損蠶麥六月水患圩田飢疫殍徙者不勝計　二年正月霪雨至于四月夏寒損稼蠶麥不登　三年青蟲食穀穗八月水壞田廬積潦至于九月禾皆腐爛五行志

349

四年七月久雨　六年夏五月大水秋螟為害冬饑縣志　七年
秋大旱
淳熙二年秋旱螟　三年積雨損禾麥八月連雨水害稼　六年
水壞圩田縣志　七年旱饑　八年七月不雨至于十一月旱談志
九年春大無麥八月蝗饑　十年蝗害稼　十一年水　十
四年春疫五月作潯志作七月旱至于九月乃雨五行志　十六
年五月雩雨
紹熙四年霖雨壞圩田害蟲魚蔬稑　五年自去冬不雨至于夏
秋大旱既又雩雨害稼冬無麥苗饑

災祥

慶元元年九月久雨米價翔貴大疫　二年大水蟲災　三年疫
春夏不雨禾稼不能入土　四年秋荐飢多道殣　五年六月
霖雨至于八月大疫　六年冬暖無氷雪
嘉泰元年大旱荐飢　二年春旱至于夏大蝗　四年五月不雨
至于七月旱
開禧元年夏不雨百餘日　二年四月地生毛如馬鬣蒼白赤色
長數寸焚之臭如燎毛　三年夏秋久旱大蝗羣飛蔽天豆粟
皆既於蝗
嘉定元年旱大蝗疫　二年夏四月旱至于七月乃雨又蝗　六

350

年雹害稼六月雨至于七月吳興掌故集作開禧六年誤　七年蝗夏秋大旱八年春旱首種不入至于八月乃雨飛蝗蔽天飢吳興掌故集作開禧八年大旱嘉泰八年飢俱誤　九年四月至八月大雨水災　十一年六月霖雨飢饉亡麥苗　十四年旱　十五年七月霖雨為災　十六年五月霖雨水漂民廬害稼吳興備志云開禧十六年湖州大水徐氏掌故集作六年誤今攷掌故集明載嘉定十六年霖雨未嘗誤也其開禧六年大水一條乃嘉定六年之誤耳開禧止三年安得有十六年董氏之誤更甚于徐矣

寶慶三年七月大風拔木水溢大飢

紹定元年春大疫　三年夏大雨四十餘日田禾蕩沒

嘉熙四年大旱蝗人相食
淳祐二年盛夏積雨大水　七年旱　十一年水
寶祐二年大水　三年大水
開慶元年大水
景定二年霖雨水災　三年二月水民多溺死八月蝗螟
咸淳三年大水　六年閏十月水　十年八月大霖雨
德祐元年大水蒙古入境焚掠幾徧（談志）
元至元二十三年大水　二十四年大水飢　二十五年三月大
水壞田尚書省臣疏請輟上供米賑貧（通考世祖紀）　二十七年大

水　二十八年飢　二十九年水

元貞元年大水　二年大水飢

大德元年大水　二年蝗　五年七月積雨泛溢大傷民田　六年飢賑糧五行志成宗紀　七年六月淫雨飢　十年大水害稼大風太湖溢　十一年水民飢

潯志明姜南叩舷憑軾録云元大德十一年杭州大飢何長者敬德乃請杭好善而有才智者五六人即菩提寺作粥夜寘大甕中明旦飢民以至先後列坐廡下或溢出門外道上相向坐虛其前以行粥兩人舁甕一人執杓以注器中食已以次去始六月至八月凡七十日飢民無死者石塘胡先生長孺云往歲湖州作糜食飢人糜朓釜猶沸涌器中人急得食〻已輒仆死者百步間長者夜作粥貯大甕中蓋懲湖州事也有意哉按此事與吾湖州有涉且足為後鑒故附載于此

癸祥

至大元年水飢疫大作死者相枕籍　四年水災
皇慶二年七月大風湖水溢
延祐三年雨田半渰　五年雨田渰過半　六年水　七年亦水
大飢
至治二年大水
泰定三年水
天歷元年秋八月水没民田　二年旱飢冬大雪太湖氷厚數尺
至順元年大水飢疫　二年恒陰水害稼　三年大水
元統三年大水

352

後至元二年自春至于八月不雨大飢　三年水田半渰　四年
至六年亦如之
至正元年大水田禾淹没大風太湖逆湧而入民廬頃刻倒蕩大
飢　六年水　七年大水無秋　八年大水　十年大水　十
一年大水　十三年大水正月二十三日有物與雨雜下五色
光瑩堅實異常剖食之味如松子人名娑婆樹子續通考　十五
年大水　十六年大水　二十年飢
明洪武二年大水　六年水荒　七年大水　八年大旱十二月
水　九年大水　十七年大水　十八年二十年二十二年二

災祥

十七年如之　三十一年水　三十五年如之

永樂元年大旱蝗　二年水飢　三年大水　四年飢　七年大水　九年秋霪雨没田免田糧(成祖實録)　十年水　十一年水疫　十二年水災　十三年六月水傷田　十四菜年大水　十六年大水　二十年大水　二十一年如之

洪熙元年夏恒雨没田(縣志)

宣德元年春夏恒雨禾稼損傷　五年大水　九年旱飢

正統三年飢　五年正月大雪二旬積丈餘秋大水(潯志夏大水秋大旱)斗米千錢飢殍載道免水災錢粮(英宗實録)　六年春夏並旱飢

353

七年大水太湖溢七月大風無秋　八年地生白毛秋大風潮田禾漂没　九年大水隄防衝決湮没禾稼次年八月蠲免水災錢糧實録　十一年夏連月大雨水災地震　十二年大旱蝗飢　十四年大水無秋

景泰元年正月大雪二旬間有黑花凝結丈許夏復淫潦大飢四年十一月至五年春大雪數尺壓覆民居諸港冰結舟楫不通人畜凍死夏秋大水民相食　六年旱大飢　七年大雨没田禾

天順元年四五月連雨苗爛免去年無徵粮實録　三年旱　四

災祥

年夏陰雨連綿江湖泛溢麥禾並傷　五年大水六月免去年
被災田粮實録　八年大水飢
成化元年久雨無秋　七年水災　九年四月水災　十年六月
以水災免成化九年秋糧憲宗實録　十二年大水冬大雪大寒
十三年春水無麥虸蚄生九月桃杏花盛開　十四年大水
十五年九月地震　十七年春夏不雨七月雨有颶風八月連
大雨太湖水溢平地深數丈九月朔大風雨晝夜如注至冬無
日不雨禾稼僅存者悉漂没明年大飢人相食　二十年水大
飢　二十二年大水

364

宏治元年飢　四年水旱迭作免夏税秋粮縣志　五年夏秋水飢免糧草子粒有差孝宗實録　十六年旱飢有妖魔變幻人形乘夜魘害居民驚駭通宵不昧　十八年地震生白毛

正德三年大旱市河竭　四年大水民疫　五年大水疫甚地震生白毛米價石二兩當事疏請蠲折十月減夏税麥及絲綿有差　七年三月地震有声　八年四月連日大風雨洪水泛溢十二月大雪丈許溪河凍結冰厚尺許　九年蝗不害稼　十二年大雨殺麥禾水災　十三年六月大雨水渰田免夏税有差武宗實録　十四年秋復大水自七月二十日至八月十四日狂

災祥

風大作水出平地丈餘田廬盡淹人畜溺死無筭合郡災傷疏聞詔賑卹（若紀）嘉靖元年水災詔再折粮發盐課賑之（世宗實録）二年又大水歲三至民居俱壞免粮稅（同上）三年大水　四年秋水渰田免陳粮有差（同上）八年夏蝗秋螟　十三年水　十四年歲大稔　十五年水　十六年水災　十九年夏飛蝗蔽天傷稼大半蘆葦竹葉俱食盡　二十三年大水　二十四年旱太湖水涸人食草根樹皮大疫　二十七年十二月十四日雷電　二十八年秋大水壞民居没田禾免秋粮加賑（史槩）三十二年旱　三

355

十三年地生毛談志按汪謝城南潯志三十三年十月倭賊入嘉興載輜重百餘船北抵王江涇出南潯掠皂林烏鎮等市三十四年正月倭復至海塩轉掠双林出南潯湖兵熟于水戰邀擊頗勝賊棄輜重二十餘舟五月二十八日辛酉倭冦三百餘自南潯至松江之葉謝緫兵湯克寛同知郁文奎逆擊于黃浦大破之渡浦来援者皆溺死是年忽晝暝毎數日並出日光亦搖蕩不定十月天雨赤豆三十五年倭警鎮民驚竄烏程知縣張冕督兵千餘逐捕過鎮以軍法從事攝大戶斷溪東流　三十六年水　三十八年大旱　三十九年四月地震屋廬搖動如帆河水撞激魚皆躍起十二月雷電　四十年正月雪雷晝晦對面不見人將暝日光散亂數日並出民皆惶怖罷市閏五月霪雨至十月不止飢甚疾疫大行當事疏聞蠲䘏有差通考縣志作三十四年　四十一年大水民飢疫栗志　四十三年十

災祥

一月二次大雷　四十四年六月地震

隆慶二年潯志作元年　元旦大風揚沙走石　白晝晦暝大旱　三年六月大風雨禾盡渰秋亢旱歲飢疏蠲賑縣志

四年水災　六年夏雷雹

萬曆三年春旱　五年六月連雨寒如冬　六年秋螟害稼冬雨木冰大水　七年大水渰禾冬至前一日大雷虹見縣志　八年大水飢　九年又水飢疏蠲同上　十年七月大風雨平地水深丈餘田禾盡沒名為湖嘯　十一年旱　十二年正月地震冬無雪縣志　十三年大水　十四年大水　十五年正月元旦大

356

雪浹旬不止十六日雨木氷秋大風禾木俱拔湖水泛溢十月米價七錢一石次年貴至一兩七錢飢疫死者棄屍滿道河水皆腥沈中丞祠有牒土地祈晴文　十六年旱蝗大疫　十七年又旱瘟疫大行餓殍充塗奉旨賑卹施粥夏雪潯志　十八年旱　十九年大水　二十一年三冬不雨　二十二年元旦雷雨　二十三年大雪平地丈許　二十四年五月大水民飢里老奉糶官米濟荒十月又水改折有差神宗實録按南潯鎮志二十四年五月至七月不雨七月十一日將夕河水忽涌起二尺餘方許復平如此者三八月驟雨狂風數日夜不息大水冬大雪寒溪湖氷凍舟楫不通　二十五年正月雷電二月二日癸亥夜見黑雨次日雨黃

災祥

沙　二十六年冬大雷　二十八年九月地震　二十九年自春徂夏霪雨不止二麥浸爛湖水久溢禾不能栽六月寒飛雪成堆（烏青志）　七月二十六日卯方黑氣見刻餘乃滅（縣志按南潯志是年六月寒氣逼人七月始熱八九月仍熱如故里無不病之家家無不病之人江湖溢秋禾不能栽種）

三十二年疫十月地震從震至坤（縣志）　三十三年旱　三十六年夏大水淹麥禾壞民屋大飢知府陳幼學詳請蠲折停徵（縣志）

三十七年冬無雪　三十九年黄梅無雨仍有秋　四十一年三月十四日大風氷雹　四十二年旱　四十四年十二月初七日天鼓鳴（以上烏縣志）　四十六年正月二十八日黑虹見自

357

巽方至乾方（同上）十月雷電（溧志）　四十八年正月大雷夏旱飢米石一兩五錢

泰昌元年十月大雷電

天啟元年大雪　三年十二月地大震生白毛　四年四月恒雨傷蚕麥五月梅雨浹旬苗盡沒七月後大雨三日再揷再渰一歲兩災民皆生斃詒折糧六分（縣志）　五年大旱　六年蝗災八月十六日辰刻風從北方起蝗蝻順風飛集填空蔽野酉時止次日復然田禾地菜各食盡（縣志）　七年正月雷電雨雪五月晝夜霪雨四境平沈秧苗盡沒六月水平復種七月又大雨種者

災祥

復没一歲兩荒
崇禎元年水七月大風拔木　二年四月地震閏四月又震十二
月又震歲大祲　四年大水潯志地震　五年自八月至十月七
旬不雨飢　六年水飢　七年三月地震　八年大水潯志秋蟊
談志　九年大旱酷熱　十年大飢　十一年旱蝗　十二年恒
雨　十三年五月大雨七晝夜田廬俱没米價湧貴每石一兩
六錢里老奉公糶官米以賑知府陸自岩奏請蠲折從之縣志
十四年春大雪六月旱黃沙飛蝗害稼民飢食草根樹皮俱盡
癘疫大作米價每石四兩五錢　十五年大水飢縣志　十六年

夏大旱飢斗米四百錢人相食縣志士民結壇慶善庵抗疏號天連旬步禱有虎晝見吕莊傷人而去談志　十七年春大疫民嘔血縷即死地震生白毛五月某日聞國變紳衿耆民齊赴雨花庵正殿哭拜大行思皇帝虛位談志

大清順治二年大水渰禾　五月大疫　六年二月雷雹五月大雨水溢麥無秋　七年大水十月朔日食既自辰至未經星晝見　八年正月地震夏秋大水田廬俱沒斗米四錢五分盜賊橫行談志　九年夏大水飢縣志東莊湾談文學培桂家燕巢産二雛一白一紫數日移于吴若金廳前古榆樹上時以白者希見

災祥

同人賦詩紀瑞有白燕吟集并以玉燕名其堂櫂歌注文學裔
孫靜斧明經通禪理詩學香山臨溪築涵碧樓與茅湘客結漁
社吟唱其中弟文學賢蒸　少同研席不娶不畜奴婢垂老猶
赴棘闈　十年　月吳家塥迴龍庵火延燒民居三十餘家惟
聖像鬚眉儼然　十一年冬大雪旬餘大寒太湖冰厚二尺
十二年二月地震六月又震秋旱蝗　十三年大水飢　十四
年春化成橋南火燬民房百餘間死傷者數人七月放生河內
自石漾至化成橋群魚湧現每大小成隊不計其數一望皆青
紅色三日夜不散觀者咸以為祥吳子若金作觀祥魚賦紀之

歲大稔　十五年地震大水冬雷　十六年大水三月二十七日星隕于鎮東如火如卵有尾光殺而黑及土不見　十八年夏旱米石一兩七錢士民齊集禹王宮齋戒步禱連旬立秋小雨詔免徵秋粮有差

康熙二年五月雪大疫夏旱秋水溢　三年正月十五日食五月二十六日雨雪（王氏蚓庵瑣語潯志作閏六月）十一月朔慧星見東南轉西月餘隱十二月朔日食浙撫范承謨疏請蠲折停徵本年秋粮有差（縣志）　四年正月朔日食將既初六日日上有黑子二摩盪久之五六月連日疾風暴雨拔樹倒垣雷震死者不一七月大水

災祥

禾稼俱沒當事具題　恩卹有差同上　五年秋大斛米二錢田
之所出不足供賦稅盈倉菽粟委之而逃百貨充斥無過問者
民間號為熟荒十二月地震　六年十二月雷　七年正月二
十八日長虹經天光奪星月六月十七夜地震生白毛十九日
未時星見　八年夏大水八月朔日未時日食十月大燠雷電
九年正月大雪雷電星隕聲如雷五六月大水淫雨颶風大
作湖水溢決田廬俱淹大飢九月雪十二月大雪丈餘　十年
五月至七月旱蝗盜賊四起冬經堂巷火燬民房百餘間談志
十一年正月初一夜雷五月十九日雷火燒後橋民房三間夏

360

大旱民竭力戽救秋將成八月初旬忽大風雨暴雷起田間降小蟲青黑色如蠛蠓又如蟻有足有翅飛食禾稼殆盡氣侵蚕種亦空民大飢浙撫疏具題免漕折縣志　十二年除夕雷電　十三年大水補種田秧六月紋銀四錢八分兑白錢一千文冬米每石銀七錢槍柴每担銀五分猪肉每觔一分三厘大草魚每斤銀六厘三白酒每斤銀五厘大鯉魚鰲每斤銀一分六厘豆油每斤銀二分四厘鷄每斤銀九厘鴨每觔銀八厘細絲每兩八分半俛志　十二月十六月食　十四年春經堂巷東火燬民房百餘間凌志　十五年大水十一月地震　十六年元旦震雷

災祥

大雪夏旱自五月不雨至七月十四日始雨河盡涸八月飛蝗蔽天過而不下同上　十七年大水無禾　十八年蟲災縣志九月十五月食　十九年三月初一日食夏秋大水　二十年正月初六日上下橫街火過經堂巷至東蕩西至清風巷燬民房三百餘間踰月慶善巷前殿災正月十五月食　二十一年正月十六月食春恆陰麥無秋蠶豆每石紋銀三錢四分糙米每石銀六錢冬米每石銀二兩五錢　二十二年正月十六月食二月大雪春末夏初大水麥無收補種田秧新絲每兩紋銀八分五厘五月初十夜月煥五彩俛子天持作月華詞紀瑞冬忽暑

熱雷雹　二十三年夏秋米貴　詔減貢稅　二十四年秋旱田禾枯縻歉收　二十六年九月十月大風雨田禾仆敗　二十七年夏旱秋大風雨禾盡爛萬安橋西火燬民房數十間　二十八年冬十一月大雪河凍不通舟楫者數旬赦南糧　二十九年正月朔日食春旱河水盡涸五月下旬起連日大雨至六月十六不止田廬俱壞縣志　冬大寒河凍經旬舟楫不通往來負重者俱行氷上牛羊凍死　三十年三月短巷火燬民房十餘間焚死一人　三十一年五月不雨至六月始雨奏勉秋粮三之一同上　三十二年薛家滙火燬民房數十間淩志　五月大風

災祥

霾夏旱九十月大風雨禾盡仆民飢　三十三年夏旱蠓災大疫十一月便民橋西火燬民慶善庵前殿火死傷者二人　三十四年正月大雪二三月恒雨五月大水没田舟行入市六月初六日大風雷雨雹〻大如拳壞民房民舟無筭官督公正圩長車救田禾談志　三十六年大水四月初四大雨雹〻塊堆積寒氣逼人　三十九年秋旱十一月十四清風巷火燬民房四十餘間　四十年三月西柵陸姓婦產一男二首四臂十二月夜雷震　四十一年大水十二月十七雷震　四十二年十二月露印庵前殿災倪志　四十三年大水五月十六月食十一月

朔日食　四十四年六月初四雷擊破西柵童姓墻垣七月初二日天雨尺許雷擊東庄灣蔡宅滿室火滚震斃一男又一女火傷臂腿焦爛流血七十餘日而斃同時隔隣談姓屋内亦有火滚一婢驚暈甦而背有紫泡漸漲至徧身不半月而斃十一月二十八日上下横街火燬店房五百餘間　四十五年八月初十夜大雨雷破東莊灣倪宅樓墻十一月初四夜塘口火初六夜光朗橋西北火燬民居七十餘間　四十六年夏大旱六月東南鄉有風鶴之警鄉人舟連陸接扶老攜幼并箱籠什物避居至鎮九月十六月食十月初四日地震水湧　四十七年

災祥

四月立夏前後日雨蚕沙水菜麦豆無收五月雨夏秋連旬積陰至十月始霽田廬桑柘盡淹春花不能下種人食腐渣樹皮賣妻鬻子哭聲不絕八月朔日食十七丑刻月食晚志　四十八年春飢變賣什物者充滿街市二月連旬大雨豆麦漂没米貴四月天氣暴熱蚕多腐壞五月積水不退晚蚕亦傷小暑至處暑無雨田禾焦枯瘟疫徧行羽士齊集禹王宮設醮祈禳禁止屠宰官同紳衿設廠南詢菴施粥一月八月朔日食蠓災冬旱蟲食菜官令村鎮要害之處設置柵欄提防奸盗十二月初一夜鎮東北火免緩征漕米晚志　四十九年三月二十四夜東短

卷火燬民屋三十餘間四月恒雨立夏日雨蚕沙水通宵初九又大雨桑葉每箇止四五文蚕無收五月久雨菜麥漂蕩田禾皆没秋酷熱亢旱疫癘間作秋無收民多逃散十月發常平穀賑濟大口二斗小口一斗依田畝花户册發給十一月紳富輸米在南詢庵施粥一月憲委餘杭縣王在東岳廟給米蠲緩漕糧地丁各項銀米（俛志）　五十三年四月十三日薄暮長空現白虹數条十二月初二日雷　五十四年春恒雨各物皆貴米每石銀一兩三錢四月又久雨蚕不熟春花頗減戽救苗秧桑根多死池魚皆失絲價不通米價大昂十一月初七夜雷雹大雨

災祥

俛志

五十五年夏大水補種苗秧貼佃戶每畝銀五錢六月望後減至二錢七分後又增一錢談志

五十六年正月初十日戌時雷電四月十六黃昏有星大如斗光如電隕于東南是年鎮多火災凌志

五十七年八月十五日月食九月初十酉刻有星如火燄隕於東南凌志

十一月二十一夜西栅火

六十年七月星隕有疾聲冬大冰

雍正元年八月至十月恒雨水浸陂塘鄉農駕船于田割稻頭飢

四年秋八月陰雨連綿太湖水不及洩田禾破淹緩征新舊錢粮動存食米穀按戶散賑

八年五月大水十一月地震

364

十年正月天雨豆七月大風雨傷禾稼　十一年夏大旱　十二年四月大雨雹損麥　十三年七月地震有聲如雷

乾隆三年夏旱秋雨雹賑飢　六年秋大水折給農人籽本錢穀價補種雜糧蠲緩条漕加賑極貧次貧口糧　九年秋大水先後散給無力佃農籽本動支截留漕米分别加賑蠲緩銀漕

十三年飢五月雨雹斗米白金三錢　十六年夏旱秋蟲傷禾循例捐賑一月蠲緩条漕　十七年四月初四日地震六月初六昏時星隕有聲八月大水　十八年春夏秋久雨蟲災　十九年水損稼　二十年大水蝗蝻生石米三兩二錢賑糶平施

災祥

十二月地震　二十一年春大疫飢石米三千五百民食榆皮草根勸捐平糶十月地震　二十二年春西栅米市來一赤面道人往來唱曰欲化火酒三壜群兒爭尾之一夕清風橋潭壩橋潭長板橋潭三處同時火幸河中多罱泥船隨及撲滅而道人亦不見蓋壜與潭同音也　二十四年秋蟲傷禾　二十七年雨損蠶收六月旱　二十八年五月地震　二十九年正月地震五月又震　三十年正月地震大水　三十三年大旱三十四年春夏淫雨損蠶麥田禾淹没秋無收石米白金三兩三錢　三十六年十一月雷電　四十四年六月亢旱米每石

五千錢八月二十地震　四十七年六月地震　五十年大旱蝗自五月至七月不雨溪港皆涸米石錢五千秋有收　五十一年大疫　五十三年火自斜橋東過清風巷西至木匠埭　五十四年大水　五十五年大雪飢十二月雷電　五十六年大水　五十七年五月地震冬無冰　五十九年七月大風拔木寒如冬　六十年春有燕巢于堂子湾總管祠前灯上風搖不墜鄉榜發徐謙山志壓閔大壯仲蓮同捷沈遜篪綬綵副車明年嘉慶改元燕復來巢會試榜發姚鏡塘學塽成進士入中書

災祥

嘉慶二年（潯志作元年）春大寒凍死樹木無筭二月新街火七月木匠埭火　八年春氷凍逾月四月大雨米價湧貴　九年正月恒雨雷雪五月至六月連旬大雨田禾淹没分别蠲免条漕斗米四千七百飢民白日聚掠　十年四月霪雨雨雪子蚕麥無收撫藩奏准賑濟委本鎮紳士領帑設厰于東嶽庙露印庵給米三十九日　十三年大水斗米價至五千五百錢　十六年秋慧星見八月十一日丑刻白雲橋火東至便民橋西至横街凌針灸牆門南至閔家巷北至塘橋衖燬市二百一十八家　十九年正月大雪閏二月初一大雪積數尺大凍五月至七月

366

月不雨亢旱徧地生毛色紅白黑黄不一」七月初二天鼓鳴冬高田無收米價每石五千三百錢奉憲勸賑自十月初一起每日大口給錢十四小口半之大吏招商至福建運米免其關稅價始平　二十年二月初旬大燠既雷電大雪十月二十一日地震十二月三十日巳刻塘北火燬民房數間焚死一老嫗二十三年五月大雨雹　二十四年夏旱　二十五年五月舊絹巷口火燬民房十餘間焚死一人

道光元年正月初一夜新街火夏大疫俗稱吊脚痧朝發夕斃死者無算　三年正月十四雷電五月大水田圩淹没陸地行舟水勢退而復漲

災祥

至九月後始平大飢官勸殷户捐賑按册散給次年春夏復賑
六年秋慧星見于東北時新疆不靖 七年五月初七夜經堂巷火
東至便民橋西至薛家滙南至閔家巷下横街北至塘橋街中
段西北至芉葉滙角延燒二千四百餘家閏五月初七夜西港
口沈姓火十二月雷大雪 八年六月十五日大雨水漲二尺
各鄉歉 九年秋旱歉收 十年夏旱歉收 十一年夏秋久
雨至冬冬水未退野鴨成群食稻 十二年夏旱飢 十三年雨
水害稼冬久雨粮倉不開糙米每石四千三百文 十四年正
月大雪秋雨傷稼 十五年夏旱 十六年正月大雷電二月

十二大風雨雷電雹　十七年正月風雪雷電雹三春恒雨秋多雨田禾損壞鄉民藉口歲荒糾衆至殷户家坐飯亦有挾嫌、乘機報復趁勢擄掠忽一日鎮上四柵有匿名揭帖上寫某日至某家坐飯是時鄭祖琛以閩藩告終養在家遂持揭帖送縣程安二邑尊即日帶壯勇來鎮彈壓將出名行兇數人懲治其風始息　十八年除夕大雷電　十九年正月雷九月初二戌刻地震積旬霪雨禾頭生耳十一月雷　二十一年秋霖雨十月十四日傍晚有大星光如火後有無數小星相隨自東南流至西北有聲如雷十一月大雪積丈餘田中未收割之稻俱被氷凍野鴨羣食為災倉廒不開佃租無收官隸下鄉上十區農民拒捕毆傷差役懦弱之家搬移避至鎮上　二十二年六月朔未刻日食既陰雲不見晝晦市中有閉店者上十區鄉民自上年拒捕後聚衆于五頭村抗不完錢糧八月臬道各憲帶兵來湖剿捕鎮上紳士往迎諫阻因奉憲諭開導鄉人隨完条銀人衆散伏官兵到鄉惟燬為首稔左堂湯一萬房屋略有毀傷後捕獲為首二人正法餘安堵　二十三年旱螟蝗食禾飢　二十四年冬久雨大水春花不種　二十五年四月二十一日午初東短巷火東至長板橋便民橋西至薛家滙壩橋北至沿

塘東西一帶南至短板橋過閔家巷下横街至西一步兩条橋止凡在市心店房民房橋廟無不燬去所剩惟金鎖橋埭壩橋埭清風巷塘北汲水港數處而已人家停柩未出者無不燬燼市河湮塞非常之災也　二十六年八月廿二日戌刻白雲橋南短巷火東至長板便民橋北至經堂巷塘橋街西至上下横街中段南至閔家巷共燬店房約二百間　二十九年五月大雨田圩盡淹舟行入市較三年水勢更增二尺六月始退田不及種飢民成群滋事婦女幼孩闖入人家索錢米始則各自散給甚至恃械捍衛後乃籌捐賑濟編查户口四柵之外又照舊

災祥

例帶鄉莊在護生庵發米自九月起至次年三月止典鋪以五千
七千為額不能多當米價貴至六千外錢一石　三十年二
月十九日巳刻西港口沈俛童三姓火約一時燬房屋四十餘
間越數日周家衖周宅火又越數日鳩橋堍沈宅火
咸豐三年三月初七夜地大震自後連日小震約月餘始靜冬雨
大冰　四年夏霖雨十一月初五日下午河水忽漲一二尺動
盪不定溝池皆然人在河埠洗物有潑去者少頃即平周圍數
百里並同此異　五年二月廿一日四更聚星街後巷火北至
塘口南至下橫街西至薛家滙東至白雲橋燬店房數百間

六年夏大旱飢本鎮賭匪勾結東路鎗船來鎮聚賭并演唱花鼓戲名為花冊場有數十小船至石街埭强佔民房時徐有壬在湖城總办團防告知當道訪查嚴禁旋即避去　八年八月慧星見月餘即滅　九年湖地蝗惟双林近鄉無有後俱入太湖死　十年秋久雨田幾湮沒刈稻者水淹至腹　十一年五月下旬慧星見自西北射東南光長二三丈仰望甚低時髮賊于廿七日由菱湖至双林焚掠甚酷六月朔即退星亦漸次高而短不一月即滅十二月廿七日大雪起至除夕止約深一丈河凍不通舟楫人行氷上至次年元宵前始解

災祥

同治六年夏河水忽涌蕩揺如沸騰池水皆然盛林山等處尤甚
十一月二十四日地震　七年三月十九日雨雹五月大雨
十二年六月十九卯刻地震七月十九辰刻又震　十三年九
月三十三更時有大星光如月從南流至北隱〻作雷聲
光緒二年塘橋街火焚死燈籠店五人　八年五月至六月大雨
害稼有賑　九年七月二十七八日大風拔木甚雨隨之瓦屋
俱壞八月二十八日西横街火燬店房百餘間　十五年八月
大雨連旬田禾淹没無收蠲免漕糧發銀賑濟本鎮各殷户亦
捐賑

【萬曆】重修烏青鎮志

（明）李樂纂

明萬曆二十九年（1601）刻本

祥異志

晉武帝太康元年地震　廢帝太和六年大水民饑　明

帝大寧元年大水　齊高帝永明九年大水民饑　梁武帝大同三年秋野生稻饑者賴焉　唐德宗永貞元年旱憲宗元和二年李錡叛殺鎮守將軍烏贊　昭宗乾寧三年江淮盜張雄燒刼殆盡　天復三年三月大雪三尺餘其氣如烟其味苦　宋仁宗天聖元年六月田生聖米民以為食　寶元元年旱無禾民饑　徽宗宣和庚子睦寇方臘犯鎮焚燬半　高宗建炎戊申五月嘉興徐明等亂軍至鎮僧性空諭之乃去　紹興二年八月地震　紹興三十二年蝗害稼民饑斗米千錢　孝宗隆興元年大

水 淳熙十四年旱 寧宗開禧丁卯大旱赤地 恭帝德祐元年蒙古入境焚掠盡之 元文宗至順元年夏至秋恒雨淹沒殆盡 順帝至正十六年張士誠以兵戍於鎮至二十六年我 太祖高皇帝命徐達常遇春伐之大戰於烏鎮皂林之野斬其將并院判兩鎮民居寺院浮屠悉焚燬 國朝景泰五年正月大雪二旬間有黑花凝積丈許鳥雀幾盡夏復霪潦民大饑 成化己亥九月地震 弘治十八年地震生白毛 正德五年夏大疫秋大水米價石二兩 正德九年蝗不害稼 正德十四年大

水　嘉靖四年九月大雨水稻成而不能刈　八年
夏蝗秋螟　十四年大有年　十九年夏蝗飛蔽天
二十三年大旱無禾斗米二百錢　二十七年十
二月十四日大雷雹　三十二年旱　三十三年地
生白毛赤如馬鬣斑如蝟刺白如羊鬚或柔如亂髮或剛
如鹿角短者一二寸長者尺餘道路俱有暗室更多斷之
有汁嗅之作腥或密如鋪毡　云是年冬倭奴剽掠民皆竄
走　三十四年倭奴犯鎮　三十五年倭圍桐鄉城
時游兵入鎮焚燬頗盡　三十六年九月馬道人以妖

術煽亂名白包巾賊起兩鎮居民燒燬其半又有譌言妖魔傷人二三月乃罷　三十九年地震十二月大雪雹

四十年春間大雪餘二三尺秋大水斗米百錢民饑　四十二年野猪生於公署之東南叢草中　四十三年冬大雷　四十四年六月地震　隆慶元年訛言

朝廷選宮人於三吳閭旬月內民間婚嫁殆盡

萬曆元年三月興德橋大火飛燒公署　五年十二月大雷　六年冬木氷積綴樹枝上

七年冬雷電　八年冬雷電

十一年正月地震聲如雷

十五年大雨水龍風驟作發屋拔木田禾淹沒殆盡

十六年大疫癘死者枕籍村市為空冬大雷電

十七年大旱　十八年年麦有成

二十四年八月自吴江至鎮百里河水忽漲有聲已而大風雨衝沒圩稼

二十五年二月二日雨黑雨

二十七年麦荳成十二月雷龍見

【順治】長興縣志

（清）張愼爲修　（清）金鏡纂

清順治六年（1649）馴雉堂刻本

災祥

災祥之見於天者省郡同也若其見乎地則於邑尤切矣召致之繇修弭之道必有任其責者故敍之經政詳于地而畧于天略於祥而詳於災俾司政者省焉

南宋昇明元年甘露降于卞山長城境内太守王奂以聞

梁大同元年有六眼神龜一頭登岸迸睛出彩群龜數十同行肅如衛從縣令夏侯玭櫝而上之

唐天寶初邑人董蒲父死廬墓有芝生九莖大中元
年以其鄉為嘉瑞鄉後改名嘉會
宋寶元元年大饑富人闞羅縣令林槩出俸倡率得
粟千餘石以飼饑者民賴以活
皇祐二年大水民多流移許遵為令募出粟賑饑興
脩水利終以無患
熙寧八年大旱太湖水退數里內見有古街衢井竈
元豐五年大雨太湖水溢太守蘇軾禱於弁山黃龍
洞有詩

建炎二十八年大水龍見民震
開禧二年四月地生毛如馬鬣或蒼或赤或白皆有
之長数寸焚之臭如燎毛
三年大旱河流不通穀價頓湧民艱于食知縣趙濂
出粟減直糶賑又蝗生募捜捕之至三千餘石縣
境遂稀
嘉泰二年正月二十二日午刻有村媪携幼稚百十
成群驚走聲言有盜捕嬰兒祭江閧然傳播泛湖
入山宰尉禁約方止

元泰定三年九月初八日平遼鄉王俊二家牛生一犢口目俱赤龍頭牛尾周身鱗甲生下即鳴其母及村中牛皆鳴紅光燭天母不乳三日而斃知州趙天澤匣而上之浙省為圖以聞于朝君子曰陰雜陽以生夷亂華而治是不為異

嘉定十四年重脩儒學芝生于廳素質輪囷連葉數腴浹日大且盈尺他蘖簇出菌者蓋者入九色暈黄圜生意茂豫

明洪武六年水荒命監察御史厲子温踏勘湖州災

以實聞 上曰人皆曰無爾獨曰有莫不知所以者乎對曰天知地知臣知君獨不知 上怒斬之後驗果如其言因御書午門曰豪傑御史厲子溫

永樂二年水災命太子少師姚廣孝親往蘇湖等府賑濟蠲本年秋粮

十二年水災有司請減粮一半 上謂戶部尚書夏原吉曰民田被水無收未有以賑之又可徵稅耶悉蠲蘇松杭嘉湖五府災田租四十七萬九千七百餘石

天順八年大水民饑邑人谳恭代輸一邑田賦建坊

表義補七品散官

弘治四年大水

正德三年大旱饑死者甚衆　四年大水

五年大水蠲免缺欠起運存留寺米

十三年大水疏聞准將本府兑運改折每石折銀六

錢其餘無徵

十四年大水疏聞准折如十三年数餘存留粮米暫

准次年徵解

嘉靖三年大水本府開報長興被災八分酌議改兌
併將無碍錢粮動支包補金滄抖圩
七年大旱　十四年大旱
十五年四月十六日晝晦暴風起東北雨雹壞民
廬無數
二十三年大旱民乏食斗米百錢
二十四年旱太湖水縮民有得軒轅鏡于莫岍者
十八年大湖水溢京庫兌軍漕粮改折分存留
行蠲免

三十二年六月初十日鄉中群小兒驚走入市言有
捕嬰兒祭江者有司禁之乃止與嘉泰二年同
三十八年大旱　三十九年地震二次
四十年大水滕中丞疏免兵餉改折兑米每石銀七
錢又將原報鹽粮行粮餘米抵補南京倉粮及徐
州粮銀量留撫按贓罰賑民
萬曆十五年大饑
十六年大旱且疫民多死亡疏聞發買辦銀伍萬兩
散賑各縣

十七年旱奉　旨差户科給事中楊文舉賫帑金伍
萬兩發賑各縣　十八年旱
廿九年有豹飛入嘉會門蔡家墜於夾墻中獲之
三十六年有怪鳥若兒啼即大雨如注自四月朔至
六月晦方止處暑乃種米價每石銀一兩六錢奉
旨改折蠲免傳徵有差
四十五年五月彗入南斗月餘長三丈餘
天啟三年十二月廿二日地震
四年正月朔盜殺知縣石有恒日數日無光日旁有

數小日黑色上下摩盪人皆見之　夏大水[illegible]

漕粮改折十分之六

七年秋大風拔木太湖水溢蛟龍群舞

崇禎元年大風異常　五年雨黑豆

十三年大水蝗

十四年旱蝗知縣李向中出錢募民捕而瘞之行董

仲舒祈雨法頗驗

十五年旱米價涌貴每石至銀叁兩伍錢餓莩載道

夫弃其婦父弃其子知縣李向中設法賑米施粥

建廠于清涼寺給銀與僧令收養穉幼全活甚衆

十七年夏太白經天

弘光元年秋大水　大風

陸龜蒙記稻鼠災　乾符已亥歲震澤之東至矣興三月不雨至于七月常汙坳沮洳者埃壒坌勃櫂櫼支派者入扉屨無所汙農民轉遠流漸潤涸稻本晝夜如乳赤子忺忺然救暍不暇僅得葩拆穗結十無一二無何群鼠夜出嚙而殭之信宿食殆盡雖廬守板擊鼓而駭之不能勝也若官督戶責不食者有刑當是而賦索愈急械束榜箠木饑頸者無壯老吾聞之于禮曰迎貓為其食田鼠也是禮闕而不行久矣曰鼠知之復歟物有時而暴歟政有貪而廢歟國語曰吳稻蟹不遺種豈吳之土鼠與蟹更伺其事而效其力殲其民歟且衛風以碩鼠刺重歛碩鼠斥其君也有鼠之名無鼠之實

詩人猶曰逝將去汝適彼樂土況乎上據其財下啗其食率一民而當二亂不流浪轉徙聚而爲盜何哉春秋螽蝝生大有年皆書是聖人于豈亦不隱之驗也余通于春秋又親蒙其災於是乎記

丁元薦上甘中丞荒政議 吴興古稱澤國天目諸山之水衝激如射弩而具區爲尾閭乘風橫溢時抱不測之憂嘉靖廿三年四十年以久雨萬曆十五年以湖蹦最號凶歲未有如今日之甚者也四月初十以後無日不雨麥已無秋及至芒種貧民貸本插秧而淫潦異常經旬不止山水驟漲東北風乘之捲浪翻空湖流内嵌高田水深數尺低鄉幾至丈餘沉竈產蛙牆傾屋倒百姓携老扶幼遷徙無家縣安吉長興抵歸烏七邑盡成巨壑自端陽至小暑新苗浸久桑爛幸今水退業已無望況未退乎即使有秧尚難再蒔況絶根乎野無突烟道多聚哭誠二百年未有此災也不佞目擊時變近懷枌榆之憂上切根本之慮仰恃大父母仁心爲質情切痌瘝敢攄一得稍佐末議倘不以蒭

菲見遺俯賜採擇地方幸甚

一議蠲賑救荒之法嘗苦後時良縣勘踏稽緩文移往返遷延旬月有匿不以報即報不以實者俗例謂一報災必碍行取如戊子吳江令故事是也亦有申請再三當道不遽以聞度支不即曲處者謂太倉告匱邊餉急如燃眉何暇議蠲議賑又有謂聖意難回上請無益不知國家仰給東南杭嘉湖首稱外府民既無聊必至逃徙逃徙不已去而盜賊盜賊不已追捕計窮千百成群揭竿嘯呼淮北燕南連歲荒歉極矣人心思亂紛紜剽刼若江南一動土崩之勢以成異日軍興調遣較目前補助難易多寡恒人能辨癸巳甲午間山東河南大荒當事者計之不早致死亡過半道殣踵接科臣發憤上流民圖説者以為名高尔上未必遽悟也亡何詔發帑金數萬遣使分賑民手額流涕感上恩高厚非群下所測識然數十萬饑莩無救矣今日請蠲請賑本一念血誠破常調行之方能感格明主聳動君心祈謂求牧與芻而不得必非從容談咲可以冀[illegible]

貴者也伏惟尊裁　一禁攘奪富家平時以子母什五之利橫索貧民叢怨既深一遇凶荒惟自封閉邀厚價乘時廣田宅以休戚一體之義户曉而地方奸棍假飢民爲名而起曩者借貸不允羣至搶奪今不待借貸矣飛舟執械放銃鳴鑼白晝橫行各村聚刼稍有積儲之家擊子女輦裝入城而村落墟矣夫大家者一方元氣也元氣日索單户誰倚况今處暑前後去冬積儲尚可支吾常年耕耔豈盡他給而直爲此攘攘此大亂之漸必不可貸者也官府重念民飢稍爲姑息紀綱一弛盜竊公行馴至下戊貽害更甚此孟子所謂罔民者尒戊子江右湖廣之變甲年福建省城之變非殷鑒耶善撫者循飢民不爲奸民所乘禁約奸民不爲富民射利者所乘諺云飢而不害人和故也操縱寬猛間不容毫髮伏惟尊裁　一議設處近年倉廪空虚無措平糶則積而不出閉糴則遏而不入不得已勸借無論怨讟易起變故橫生富民之粟亦有時而盡不若訪于豐熟去處擇富户及當

舖之老成有才識者加以禮貌給以院道明文每
名量給數百金不論米麥荳穀速令各處收糴仍
知會南京操院蘇松淮揚軍門移文各屬有米處
無得刁勒留難彼此通融護送出境米戶既無閑
津之權且有子母之利公糴外各有私賣規利者
騖走聞風者皆附米聚而價自平矣至于錢糧難
指非望之恩不可幾倖或各處罰贖或各年積羨
可以出處或徒杖以下罰米可以糴宜或不急錢
粮可以停徵緩徵或南北白粮可以改折或應省
解戶可以納米代役議誠而行多方以求何患不
濟伏惟尊裁一興工作賑濟之苦有四開報虛
欺漏與發虛刁勒侵冒叢聚虛疫癘唯鳩工修築虛
爲賑飢良法即以長興言之邑東如白烏區邑西
如官庄斗鴈蕩東北如包洋湖畔石家斗最低埂
既卑薄水易平漫常年預行修葺臨難不至束手
今若加築圩岸便可分賑飢民如一圩中多至二
畝少數百畝就四圍塹濠取土量水淺深爲堤高
下趾三倍以漸而高三簽之其中每田畝復再一

小埂高廣如外堤十四大小塹濠可蓄内水菱芡
茭藕可藉完粮堤畔樹桑計田量分可爲世業桑
利污泥歲增高厚瘠產化作膏壤價亦倍蹋量其
增價幾何預捐十七易米興工百畝以上爲田正
每築土一方包價若干課其勤惰給發力不能出
米者官爲處給計丈尺論工計工發米各委一公
正里老互相糾舉良牧時親督察不勸借而樂輸
不開報而趨赴諸弊盡革永利漸興大户肯廣收
圩田出米修築或挑桑地官量時價給以印帖小
民不得豐年取贖較之抵借息重產歸大户者利
害徑庭又有無粮之田官若發銀築堤設閘蓄洩
豐歲徵收漸補前借銀兩永作助役公田邑志載
官庄圩塘南圩門二十四座又于公圩遺制可考
安吉晏子鄉龍溪下流徧野蒿萊村墟蕭索自壩
壩修築荒田盡耕逃徙復業若長吏任事于上富
室隨力修創興利默寓賑飢治田兼可弭盗其他
殘病衰耄不妨于各寺院煑粥分賑但淂可托之
人與尋常設局虛應故事者不同伏惟尊裁一

議旌别非常之災必才誠兩合之士竭力擔當苦心幹旋方濟鷄一去年中州大飢諸邑長鞏感憂國課沈裕州應奎曰諸君爲太倉計稱米耶粮謫民在異日或可徵補粮急民亡貧歛何處力爲招撫開墾荒地日茹悪糲夜宿草棚而數百頃之田成千里旺瀛頓起山東飢王高苑在公修長堤捍水颶風濤作至身寢其上而堤幸完全活六萬口語曰非常之源黎民懼焉臻厥成而晏如其二君之謂耶雖然文法不寬豪傑多至掣肘名實不核巧士恒易亂眞鄧使君炳廉吏也以停徵至經歳罰俸長興飢民迄今流涕曰戊巳而後微鄧父我輩不生矣當事者弗善也偃蹇一民部以老蓋永宥與巧飾異軌獨行與貼常殊調嫌疑起于相軋謗忌生於認眞古之循良易今之循良難世趨然也下至村叟稍欲自豎訾詬頓生畧有興除羣咻横集上下惟虖文相蒙中材以殲怨畏縮信賞罰于不測核名實于匹夫匹婦之口令任事者畢志窮閻則良牧出荒政自舉矣伏惟尊裁

論曰余次經政未嘗不廢卷而嘆也曰嗟乎民生所苦蓋尤在賦役哉余聞諸長老江南賦役莫善于一條鞭行之既久名存實舛加派日煩差徭雜出領邑者維知敲朴取盈拘督取辦緩急無序勒索無稽二絲五穀跼天蹐地好官自我為之耳顛下不顧有百姓上不顧有人家國也加以監司殿最其程胥吏上下其手千瘡百孔析骸炊骨甚至會計之數歲須而額外之征如故踐更之錢已倍而公句之應靡休三百年覆幬之赤子人人傾耳橫目需時而動誰生厲階

恐領邑者不容逭其罪也前車昭然仁人君子念茲
能勿寒心哉、

（清）趙定邦修　（清）周學濬、丁寶書纂

【同治】長興縣志

清光緒十八年（1892）邵同珩、孫德祖增補重校刻本

災祥

春秋記災異國史志五行此即郡縣志災祥所由昉也譚志有之邢志闕焉今取諸史五行志參以舊志及近時紀載故老傳聞分别書之長興地屬吳興故舊史統一府紀者亦采之以備參考我朝勤求民瘼凡遇水旱偏災必廣沛恩膏或振卹饑民或蠲免舊賦湛恩汪濊覆載同之恭紀於書以誌欣幸焉

晉太康九年正月吳興地震晉書五行志 大興二年吳興無

麥禾大饑　太寧元年五月吴興大水　咸和四年七月吴興大水　太和六年六月吴興大水稲稼蕩没黎庶饑饉　長城縣夏架山有石鼓長丈餘面徑三尺許下有盤石爲足鳴則聲如金鼓三吴有兵至安帝隆慶中大鳴後有孫恩之亂（同上）

宋元嘉七年吴興大水遣使巡行振郵（南史宋本紀）　十二年六月吴興大水以米穀賜遭水人（同上）大明元年五月吴興大水民饑遣使開倉振郵（宋書孝武帝紀）景和元年八月原除吴興郡大明八年以前逋租（宋史前廢帝紀）昇明二年十一月甘露降長城卞山太守王奐以聞（宋書符瑞志）

齊建元二年吳興大水（南齊書五行志）四年六月詔吳興遭水縣蠲降租調（南齊書武帝紀）永明五年八月詔今雨水吳興汨溢多傷詳蠲租調六年八月詔吳興水潦被水之鄉賜痼疾篤癃口二斛老疾一斛小口五斗八年十月詔吳興水淹過度開所在倉振賜（南齊書武帝紀）九年八月吳興大水蠲租（南史齊本紀）

梁大同元年長城（舊志誤長興）有六眼神龜登岸迸精出彩羣龜數十同行肅如衛從縣令夏侯玭櫝而上之（顧志）

陳太建十二年十一月詔吳興等郡即年田稅祿秩並各原半其丁租半申至來歲秋登（陳書宣帝紀）

唐天寶初長興人董滿父死廬墓有芝生九莖大中元年以其鄉爲嘉瑞鄉談鑰吳興志

大歷十年七月己未夜大風湖州亦然舊唐書代宗紀

永昌元年十月湖州旱舊唐書憲宗紀

元和十一年六月湖州水害稼新唐書五行志損田萬頃舊唐書五行志

長慶四年十一月湖州水傷稼新唐書穆宗紀

太和四年湖州水害稼

六年湖州水害稼新唐書五行志以本年常平義倉斛斗給舊唐書文宗紀

七年十月湖州水害稼舊唐書文宗紀

開成三年太湖決太湖備考

五代梁貞明初弁山有黃龍見談鑰吳興志

晉天福五年吳興大水吳興備志

宋太平興國二年八月朔大風太湖溢太湖備考六年湖州大水新府志四年九月太湖溢壞廬舍太湖備考乾興元年二月雨壞民田宋史五行志詔湖州民饑貸以廩粟宋史眞宗紀寶元元年湖州旱慶歷八年大水田瀆幾盡新府志皇祐四年二月蠲湖州民所貸官米宋史仁宗紀嘉祐五年七月湖州水災宋史五行志七年湖州大旱八年連大旱新府志元豐元年七月四日大風雨太湖水高二丈餘漂沒塘岸四年七月大水太湖備考五年久雨太湖州溢長興受害栗祁府志六年正月大雨至六月太湖泛溢廬舍漂蕩范祖禹論浙西振卹狀紹聖元年秋湖州海風害民

田（宋書五行志）二年六月久雨湖州尤罹水患（同上）崇寧三年四年連歲大蝗其飛蔽日（同上）湖州水賜乏食者粟（宋史徽宗紀）大觀元年十月湖州水災（同上）政和元年冬大雪積丈餘（太湖備考）五年八月湖州水災（宋史五行志）宣和元年水災（新府志）紹興三年八月甲申地震湖州為甚（宋史五行志）四年六月霪雨害稼湖州為甚（同上）五年五月旱三十餘日八月大雨太湖溢（新府志）十七年湖州大水（府志）二十三年大水（新府志）七月寬理湖州被水民夏稅（宋史高宗紀）二十八年大風水溢湖州為甚（宋史五行志）九月蠲湖州被水民逋賦（宋史高宗紀）三十一年正月免湖州

增丁所輸絹三十一年六月浙西大霖雨山涌暴水漂民舍壞田覆舟淮南北蝗飛入湖州境宋史五行志隆興元年旱八月飛蝗蔽天日害稼浙西大風水傷稼螟害穀湖州爲甚二年七月大水積陰苦雨水患益甚六年五月湖州大水宋史五行志淳熙六年秋湖州水壞圩田八年七月不雨至於十一月湖州旱九年春無麥湖州饑宋史五行志十二年八月湖州水同上九月詔恤湖州被水之家宋史孝宗紀慶元元年正月蠲湖州貧民身丁折帛錢宋史寧宗紀九月久雨府志蠲湖州被災民丁絹寧宗紀嘉泰二年正月二十二日午刻長興有村

媼攜幼稚百十成羣驚走聲言有盜捕嬰兒祭江鬨然傳播泛湖入山顧志開禧三年夏秋久旱大蝗羣飛蔽天浙西豆粟皆旣於蝗宋史五行志長興捕三千餘石湖府志嘉定二年浙西大旱大蝗長興捕數百石宋史五行志十一年六月霖雨浙西尤甚大水同上詔湖州振恤被水貧民宋史寧宗記十四年辛巳重修儒學芝生於廡素質輪囷連葉敷腴不浹日大且盈寸他蘖簇生茁若蕤者八九色暈黃團生意茂豫宋陳塏重修長廟學產瑞芝之記寶祐二年湖州大水新府志三年五月浙西大水宋史理宗紀景定二年安吉屬邑水民溺死者衆宋史理宗紀時長興屬

安吉咸淳六年閏十月安吉州水免公田租四萬四千八十石宋史度宗紀德祐元年大水新府志三月免安吉州今年夏田租宋史瀛國公紀光宗朝甲寅乙卯歲浙西先旱後水湖州死無虛室河隄積屍千數胡崇禮泣愬於朝急轉米長興安吉山谷中緣門糜飲之賴以少蘇葉水心集

元至元十四年九月長興縣金沙泉自唐宋以來用以造茶其泉不常有今漢然湧出溉田可數百頃有司以聞元史五行志十五年正月賜金沙泉名爲瑞應泉元史世祖紀二十三年湖州大水新府志二十五年四月湖州

大水，截上供米擇其貧者振之。二十七年庚寅五月連雨四十日，浙西之田盡沒無遺，農家謂尤甚於丁亥歲，雖景定辛酉亦所不及也。幸而不沒者則大風駕湖水而來，田廬村落頃刻而盡，名之曰湖翻。農人皆相與結隊往淮南趁食，於太湖買舟十餘，所載數千人同往，至湖心大風驟至，悉就溺死。癸辛雜識　二十九年六月甲子，湖州路水，免至元二十八年田租。丁亥湖州大水，免田租。元史世祖紀　元貞元年五月湖州水。元史成宗紀　二年湖州大水。大德元年大水。五年積雨泛溢，大傷民田。新府志　十年七月大風，太湖溢，漂沒田廬無算太湖備考皇慶二年七月大風太湖溢同上泰定三年九月長興州民王俊家牛生一獸鱗身牛尾口目皆赤墮地卽大鳴母不乳之具圖以上不知何獸或曰此瑞也天歷元年八月水沒民田二年八月旱元史五行志冬大雨雪太湖冰厚數尺人履冰上如平地研北雜志二年四月湖州路饑恤振糧至順元年閏七月湖州路水漂民廬饑詔振之二年九月太湖溢漂民居溺死人命江浙行省振恤之元史文宗紀至正二年大水田禾渰沒大風駕太湖水洶涌而入民廬頃刻倒蕩名曰湖翻湖州府志

明洪武元年八月以浙西長興安吉勞於供餉免明年秋糧明太祖實錄　二年湖州大水胡府志　八年十二月遣使振湖州水災九年七月蠲湖州水災田租十年春振湖州水災十一年五月存問湖州被水災民戶賜米一石蠲逋賦明史太祖紀　永樂二年六月湖州水饑振之蠲今年租九年七月霪雨沒田免今年租明成祖實錄　十一年三月振湖州五縣饑十二年十一月蠲湖州水災田租明史成祖紀　十三年六月湖州水傷田明成祖實錄　洪熙元年六月大雨連月長興低田沒明仁宗實錄　宣德七年九月久雨沒田蠲其租明宣宗實錄　正統三年太湖水

忽漲數尺尋退（太湖備考）五年十一月振浙江饑免湖州水災稅糧（明史英宗前紀）九年七月十七日大風暴雨晝夜不息太湖水高一二丈濱湖廬舍無存諸山木盡拔漁舟漂沒（太湖備考）閏七月湖州水（明史五行志）隄防衝決淹沒禾稼（明英宗實錄）十二年三月免湖州去歲被災稅糧（同上）大旱蝗饑（新府志）十四年大水無秋（太湖備考）景泰四年十一月至明年孟春大雪數尺（明史五行志）太湖諸港漬皆凍斷舟楫不通禽獸草木皆死（太湖備考）五年湖州大雨傷苗六旬不止（明史五行志）天順元年湖州四五月連雨苗爛（明英宗實錄）四年湖州四五月陰雨連綿江湖泛

溢麥禾俱傷〔同上〕五年六月免湖州去年被災田糧〔同上〕七月大風雨太湖溢漂沒民居死者甚衆〔太湖備考〕八年大水民饑〔顧志〕邑人臧恭代輸一縣田賦〔韓志〕成化六年四月湖州水災免稅糧〔明憲宗實錄〕九年四月湖州水災十年水災免成化九年秋糧〔同上〕十二年十二月太湖冰舟楫不通者逾月〔太湖備考〕十七年春夏不雨七月雨有颶風八月連大雨太湖水溢平地深數丈九月朔大風雨晝夜如注至冬無日不雨禾稼僅存者悉漂沒明年大饑人相食二十年湖州水大饑二十二年大水〔新府志〕宏治四年十一月以湖屬免夏稅秋糧有

差明孝宗實錄五年水太湖泛溢田禾淹太湖備考十六年冬大雪積四五尺同上正德三年大旱饑民死者塞道顧志四年大水民疫五年復大水疫甚地震生白毛栗府志蠲免缺欠起運存留等米顧志十月減湖州夏稅麥及絲綿六年十二月以旱免長興稅糧明武宗實錄七年十二月大雪丈許新府志大寒太湖冰行人履冰往來太湖備考十年十一月以水災免湖州夏稅明武宗實錄十三年水災栗府志七月廿九日長興四安諸山仍復泛洪水勢愈盛合郡災傷君記準本府免運改折每石折銀六錢其餘無徵十四年大水準折如十三年韓志嘉靖元

年十二月湖州水災再折糧六萬石發鹽課五千兩振之宋史二年五月大旱七月三日大風拔木太湖溢漂沒民居太湖備考四年十月免湖州存留糧明世宗實錄七年大旱韓志九月振湖州災明史世宗紀十三年湖州水災十四年大旱十五年四月十六日長興晝晦暴風雨雹交發壞民廬無算府志二十二年水八月以水免湖州府稅糧明世宗實錄二十三年大旱二十四年旱太湖水涸韓志二十八年春太湖溢太湖備考水災免秋糧加振宋史三十二年六月初十日長興鄉中羣小兒驚走入市言有捕嬰童祭江者有司禁之乃止吳興備志三十

八年大旱譚志三十九年四月湖州地震屋廬搖動如帆河水撞激魚皆躍起明史五行志四十年閏五月至十月湖州霪雨不息平地水高數尺禾沈水底大饑續文獻通考滕中丞疏免兵餉改折兌米每石七錢譚志隆慶二年正月元旦大風揚沙走石白晝晦冥大旱明史五行志太湖涸太湖備考四年湖州水災發倉米振之續文獻通考萬歷六年秋螟害稼十月雨木冰七年四月湖州大水淫禾十一月冬至前一日大雷虹見八年湖州旱大饑湖府志冬大寒太湖冰太湖備考九年湖州大水浙江通志十年七月十三日大風拔木太湖備考十三年秋湖州大

水十五年元旦雨雪浹旬不止大饑譚志十六年雨木冰秋大風雨拔木太湖溢並胡府志一宗譚縣志作大旱且渰平地水深丈餘明史五行志十六年五月大旱上同蝗饑殍載道民茹草木十七年麥有秋六月至八月不雨無禾二十二年元旦雷雨二十三年大雪平地丈許兩月雪凍不釋胡府志二十六年水災七分準免四分俱於本年存留糧內照數豁免續文獻通考二十七年夏霪雨傷麥明史五行志二十九年自春及夏霪雨不止江湖水溢不能栽種長興有豹飛入嘉會門蔡家墜於夾牆中獲之三十三年夏大水廬室漂沒民棲於舟三十六年

湖州水災知府陳幼學疏請蠲卹令改折漕糧胡府志八月振湖州饑明史神宗紀三十九年黃梅無雨仍有秋四十四年十二月初七日天鼓鳴瀕河田大熟高阜山鄉有螽天啟元年大雪民間有天啟元年雪擁撩簷之謠胡府志二年十二月二十二日地震譚志四年正月丙辰朔長興民吳野樵殺知縣石有恆主簿徐可行明史熹宗紀夏大水譚志七年大風拔木太湖水溢同上崇禎元年大風異常五年雨黑豆十三年大水蝗十四年旱蝗知縣李向中出錢募民捕而瘞之同上十五年旱蝗蔽天而下所集之處禾立盡田岸葦蘆亦盡彌

郊徧野民削樹皮木屑雜糠秕食或掘山中白泥爲食名曰觀音粉聊濟旦夕村落邱墟（胡府志）知縣李向中設法振米施粥建廠於清涼寺給銀與僧令收養稚幼全活甚眾（徐元禧案守茲溢譜十五年水災作旱災疑誤）

大清順治二年七月十四日大風異常吹折譙樓是夜驟雨傾盆平旦水漲數丈淹沒禾頭或有旁生小穗者老農謂之茁筍秋無收（韓志）五年二月十八日夜見東北方星貫如雨民間雞多生四翼能飛豕有騈首者六年二月十六日雷電地震七年夏大水九月中旬反舌復聲長興郊外多虎十一月朔午時日蝕既

晝晦恆星俱見八年四月湖州大水麥無秋米價每石四兩九年二月十四日雨始雷夜子後地震夏秋大旱十一年冬大雪旬餘山中人有僵死者羽族俱斃十二年秋旱有蟊禾不實未堅而萎十三年夏大水旱禾不登冬暖李杏重花百舌復鳴十六年大水十八年旱箬溪水逆流康熙元年正月朔日食晝晦五月大水潦田失播秋旱二年秋旱晝溪水西流四年夏大水十六日大風拔木折屋秋大水七年正月中旬有白眚夜見西方六月十七日昏時地大震久之折屋壓死人民山谷多生白毛長二三寸八年夏大

水九年正月廿八日積雪未消昏時忽紅光如電久而不滅或云天狗星見須臾有聲如雷而無餘音俗謂天鼓鳴夏大水太湖水溢十二月大雪及丈餘鳥獸凍死十年春大水夏旱溪水西流十一年四月十六日寅時天鼓鳴六月大水二十八日大雷雨冰雹秋有蝗不入境集於湖濱蘆葦之上而散秋杪螟大傷稼壞田五十二萬畝以上韓志是年戶部議覆浙江巡撫范承謨疏請湖屬被災漕糧照九年例改折其被災九分十分者每石折銀七錢其八分以下被災州縣漕糧仍徵本色起運鄒鈔十二年正月初二初三兩

日石鼓遠鳴在夏駕山上韓志三十四年大水四十七年五月插秧畢大雨半月禾苗盡淹路絶往來較三十四年更高一尺乃本朝長興第一水災也七月初八風雨大至雷畫溪等處洪水陡發漂溺室廬人民無算而覆種之田更遭衝沒幾無孑遺米價二兩四錢豆麥一兩六錢草根樹皮食之殆盡餘志被災各戶漕糧請準今年徵收一半明年帶徵一半張志五十一年秋霪雨太湖溢太湖備考被災田畝錢糧照例蠲免動常平倉穀振濟邸抄六十年歲旱不登大饑邑人趙環捐貲振饑存活甚眾譚志雍正四年八月初大雨初七

八日大水各區坍𡍼淹沒田禾嘉會維新方山等區尤甚共勘災田三千六百九十七頃有奇詳報冊五年七月初旬亢陽不雨十二月霪雨連綿長興被災田一十三萬七千五百餘畝譚志乾隆三年夏亢旱秋又雹災長興被傷田畝勘成六七八九分不等詳報冊是年烏程歸安安吉同被災大學士管巡撫事嵇曾筠于九月內將旱雹二災於題報情形疏內附請改折四州縣漕米部議偏災不允繼奉新撫部院盧焯於
乾隆三年十一月十七日摺奏將原報四州縣雖係偏災全省並未豐收不但災民無力買米上倉實亦

無米可買即敲朴從事亦完納不前所有被災田畝按分扣蠲外其勘不成災之田原非成熟仍請緩折等因奉

旨着照所請 胡府志注舊例振饑大口給穀二斗小口一斗是年分極貧次貧又次貧長振五個月四個月兩個月有差米七斗五升六斗三升三斗有差又災分輕重每畝給散籽本銀四分二分有差又被災田畝漕米每石改折銀二兩次年麥熟征收又發帑招商糴米免其關稅運至本地以平米價皆異數之恩也 六年七月十九日二十日大雨二十一二十二兩日風雨交作晝夜不止高低田禾淹沒過半 詳報冊 本年應完漕米等項按分蠲免 邸抄 九年七月初四初五兩日風雨驟至天目山水衝溢太湖水洩不及

長興田禾受災獨重詳報冊本年漕米按分蠲免邸抄是年長興縣共免地丁銀四千三百七兩三錢九分二釐四毫八絲二忽二微一塵三渺六漠五埃一纖二沙共免米三千五百五十石五斗六升五合四十勺九抄四撮五圭六粟五粒七黍四糠八穰二粃

二年長興縣蠲免地丁銀四萬九千五兩六錢一分五釐一毫新府志

十三年多雨米忽騰長價至三兩貧民之食譚志

十二月燠梅大放初七夜雷電交作同上

十六年夏湖州大旱二十二年長興縣蠲免地丁銀四萬六千九百五十四兩四錢三分六釐四毫二十三年夏湖州大水田疇盡沒二十六年湖州大水三十年湖州水三十三年湖州大旱三十四年春夏湖州

淫雨連旬損蠶麥大水田禾渰沒秋無收四十四年六月湖州亢旱五十年湖州大旱蝗自五月至七月不雨溪港皆涸苗盡槁五十四年湖州大水五十五年湖州大雪饑五十六年湖州大水五十九年七月大風拔木寒如冬嘉慶八年五月初至六月大雨田禾渰沒九年湖州水災振饑十年春又大水麥無秋十九年五月至七月不雨大旱地生白毛禾半槁石米五千三百錢大吏行文福建招商市價始平二十四年五月初八日一雨至六月七月八月皆無雨高田乾涸道光元年夏湖州大疫死者無算三年淫雨

自三月至五月不止禾未插秧大半被淹六月初七日大雨雹水勢漸退七月初二日大風驟雨水復頓漲數尺圩田僅存者是夕皆沒太湖水溢至冬初始平新府志按是年中丞帥公承瀛　奏請發帑撫卹邑紳王德元等復集議捐資以振濟飢民

節録邑人臧吉康詩自古洪水水滔天下民昏墊巢樹巔我鄉震澤未底定堯市山頂曾纜船嗟予生晚不及睹撫茲古文空流連豈知唐虞之世復再見直如令我置身五千載以前去年旱魃肆爲虐焚巫暴尫天不憐今春春雨本連緜猶云雨足不傷田四月初旬雨如注淫霖直到六月間一夜

雨深三尺潦千樹風生百道泉可憐低圩成巨浸坐使萬竈生寒煙我鄉恃有太湖洩秧馬仍驅陷與阡其如陰祇大作惡可那陽侯怒不悛黄河倒捲浪作雨天瓢直瀉山成淵六月二十四日雨益狂猛高圩盡沒誰云海口塞松江婁河等處塞湖水無所洩海若驅潮逆貫川誰道江水違江豚蹴浪直上山七月十八日有數江豚見夾浦大橋下陡長水三四尺市人皆驚怨不見四萬餘頃狂瀾瀉七十二漊下水難二水相激勢若鬬人遭其厄誰捍患江南水災此獨甚百歲老翁驚且歎鄉有九十餘老人云吾邑水災莫甚於乾隆三十四年今年水更長三尺吁嗟乎粟可振賦可蠲嗷嗷鴻澤待

生全吾觀前世救荒無善政幾曾實惠徧黎元

十五年夏湖州旱十八年除夕大雷電十九年秋淫雨不止稻生芽二十一年十一月大雪爲災平地丈餘道路不通二十九年淫雨大水田禾盡沒比道光三年水高三尺許按是年夏淫雨緜延至七月初大雨傾注平地水高四五尺梓溪四安合溪諸山之水奔流倒峽漂沒田禾縣東北之平定白烏安化三區俱成澤國西南各區隄防衝決崩潰延至七月補種無可復施飢民屢次藉端滋事邑侯以余公以增以實在情形上陳屬吏時中丞吳公文鐙以嘉湖各屬被災最甚 奏請提撫得 旨酌給長興 恩振銀七千餘兩中丞復檄郡伯晏公端書設局勸捐以資接濟是時籌辦振務者爲邱子松榮朱雲巖樾孫小枚濤王秋門酉朱鳳巢標吳芋田慶埏孫雨莊丙垣胡濬圃之寀邱仰軒向高錢際鄉士鎬金治軒受治張雨香倫丁午橋炳巽王竹鄉沅葉

時齋周培朱竹香文魚朱御軒槤徐品堂宗稱湖聘齋之珍王又沂書瑞程馥塘用孚陳桂卿寶森王石帆允嘉金集軒振聲鍾勳閒清臣蕭蓮舟思濬朱誦林文藝王梅卿書祥蕭雲機策廷李小瀨佩珩邑紳朱文馨首捐錢一萬五千串以爲之倡遴設局於東嶽行宮每饑民一口月給錢三百六十文按區編期至期齋票支領又設分局於嘉會區以馮之珍金振聲主之會同該區鄉董支放自本年九月起至次年三月止分六次給發計饑民十萬餘口總其計捐助義振錢十九萬串有奇紳富急公好義甲於一郡云

三十年春饑米石錢六千八月大水按是年八月十三日大雨至十六日止水勢登涌幾與上年相埒幸隨長隨消尚不爲災

咸豐三年三月初七夜地大震自是連日小震月餘始定

四年十一月初五日申時河水忽躍起尺餘溝渠池沼皆然少頃即平

六年湖州大旱蝗大饑新府志按是年自春徂夏天時亢旱彤雲赤日如

候如焚五月後廿字溪水涸郡中舟楫往來僅能至五里橋下城中市肆分列於陸匯濛兩岸矣計長邑可種田畝不逮十之五六炎暑藴隆蝗蝻迅起漫天蔽野自北而南知縣陳繩武發謀求雨不應寫謁羣望復不應民情洶洶不可終日陳本大吏王公有敬私人也遂貪緣以去檄安吉縣丞孟光裕攝邑篆孟故庸儒民益無忌偁藏阿田者吉祥區鼎嘉橋人也奉五斗米教至是倡造妖言謂明熊大司馬明遇之魂建金蓮橋與墖蓋以厭北鄉也八月二十三日遂糾衆毀金蓮橋二十七口東鄉奸民亦毀起龍橋之文昌閣四鄉響應蠢動爲蔓二十八日太倉黄公恩詔來任邑事儀衛甚嚴各鄉民情少戢先是五年乙卯邑上偏災陳令以猾吏起家工榷算悉情弊主計僕劉某又狡黠與姦胥沈某吳某相鉤結上下侵蝕以鉅萬計而額徵之數與冊報不符民遂得藉口以思選九月中嘉會區奸民王聖靈等復糾衆入城邑侯黃公將蠹胥沈某吳某解郡懲治事乃寢後亦和息是年蝗尚不爲災　七年夏蝻復滋生秋後悉入水自斃按是年府尊胡公澤沛檄縣捕蝗敎諭張公上尊會同籌

饑局紳士王酉朱楷丁炳巽葉田培吳光鎬許霖等設局於北門內之觀音堂計觔收買西鄉亦設分局計收蝗蝻不下數千萬觔府尊胡十年二月粵匪至各給見義勇爲匾額以獎勵云

大風起三月未息清明日雨雪九月大水十一年十二月二十七日大雪至除夕積深一丈湖凍人行冰上至次年元宵始解同治十年二月十一日未時大風屋瓦皆飛縣署前平政橋石闌吹墮河干十二日酉時平政橋南大火十四日酉刻平政橋北復大火

【同治】安吉縣志

（清）汪榮、劉蘭敏修　（清）張行孚、丁寶書纂

清同治十三年（1874）刻本

安吉縣志卷第十八

奉直大夫知安吉州事衡湘劉蓟植輯

朝議大夫運同銜知安吉縣事吳江汪　榮

奉直大夫候補知州知安吉縣事旌德劉蘭敏重纂

雜記

志之有雜記猶四庫書目之有小說家也旣不能歸入專門而格言法語瑣事畸聞可以激揚流品勸戒將來者湮沒不書殊爲可惜虞初三百古人所以不廢也志雜記

搜神記吳興施績爲尋陽督能言論有門生亦有理意常秉無鬼論忽有一黑衣白帢客來與共語遂及鬼神移日客詞屈乃曰君辭巧而理不足僕即是鬼何以云無問鬼何以來曰受使來取君期盡明日食時門生請乞酸苦鬼問有人似君者否門生云施績帳下都督與僕相似便與俱往與都督對坐鬼手中出鐵鑿可尺餘安著都督頭便舉椎打之都督云頭覺微痛向來轉劇食頃便亡

統記晉宣帝太妃施氏安吉人生甯遠公主

晉書吳興錢璯反時王敦遷尚書當應徵與璯俱西璯陰欲殺敦藉以舉事敦聞之奔告于朝璯遂殺度支員外陳豐焚燒邸閣自稱平西將軍周玘率合鄉里義衆討平之

石柱記安吉縣姚萇雉尾扇箋釋晉書姚萇赤亭羌虜苻堅以爲龍驤將軍後自稱秦王古今注商高宗有雊雉之徵章服多用翟故有雉尾扇

宋書孝武帝女安吉公主適蔡約

宋書大明五年四月辛亥甘露降吳興安吉太守歷

陽王子頊以聞

符瑞圖梁故鄣令夏侯玭上六眼神龜一頭登岸游睛出彩翚龜鼓十同行齊蹔如衛從然案嘉靖伍志載此條無大同元年四字而標注較詳長興顧志亦載入則改故鄣作長興查梁時縣名長城至吳越時始改長城為長興顧志似屬無稽胡府志亦入長興仍其誤也至府志州縣表夏侯玭長安二邑並見不知何據

梁書武帝女臨安安吉長興三公主並有文才安吉最得令稱安吉主適王實

梁書吳均欲撰齊書求借齊起居注及羣臣行狀武

帝不許遂私撰奏之稱帝爲齊明佐命帝惡其書
實錄使中書舍人劉之遴詰問數十條竟支離無
對勅付省焚之免職
談藪吳均爲詩曰秋風瀧白水鴈足印黃沙沈約語
之曰語太險曰亦見山櫻我欲然約曰我始欲然
君已印訖
長興顧志家本青山下好上一作時向青山上青山不可
上一上一惆悵乃何遜詩藪何水部集中有擬古
三首此其一也舊志俱誤爲吳均所作浦南金湖

州志既載以爲吳均青山偶書一首及編詩學正宗五言絕句內又以爲何遜作其不考之甚如此

志餘　湘烟錄西京雜記[illegible]言劉歆著或曰葛稚川者俱非庾信嘗用記中[illegible]旋即改曰此吳均語不足用其爲吳均作無疑

通志　武德四年李子通據餘杭杜伏威將王雄誕擊之子通以精兵守獨松嶺雄誕遣別將將千人乘高據險逼之多設疑兵子通遁去

伍志　唐開元末崑山寺僧惟珍爲其師曇諦移寺子

落石山李衛公祠舊基有神僧來指畫堂殿廊廡之制既畢異香滿堂須臾失僧所在惟見畫壁處有龜色如玉長尺有三寸俄而不復見

前定錄寶應中張宣爲越府戸曹椽意欲求蕭山出謁府夢一女子年二十餘日妾有一十一口問明府將至故來謁尋得安吉令乃知陰隲已定及秩滿將選又夢前女子云明府又當宰妾之邑然家屬止三口爲累耳至唱官乃得臨安令三口臨字也

伍志唐浙西觀察使韓臯封杖決湖州安吉縣令孫澥四日死御史臺奏勘得孫澥先準使牒差攝烏程縣令日判狀追村正沈朏不出正帖不用印奉觀察使七月十六日牒決孫澥臀杖十下仍差衙前虞候安士文監決二十二日安士文到科決孫澥官忝字人一邑父母白狀追攝過犯絕輕觀察使職在六條訪察事有不法卽合具狀奏聞封杖決人不知何典數日致死又託以痢疾湖州刺史受命專城過于畏懦受使司將軍科決縣令致死

寢而不言並請准科以明憲與勑封杖決人殊非文法因此致死有足矜嗟韓臯條歷中外合遵憲典有此乖越實所憮然罰一月俸料裴決孫澥月日是舊刺史辛秘離任之後新刺史范傳正未到任之時俱無愆尤不可議罰

掌故集 憲宗元和中湖州刺史范傳正命安吉縣令權逢吉疏湖州諸堰以復水利故蹟

程府志 昭宗景福元年壬子楊行密屢敗孫儒兵爰其廣德營命張訓屯安吉斷其糧道儒食盡士卒

大疫遣其將劉建鋒馬殷分兵掠諸縣六月行密聞儒疾瘧戊寅縱兵擊之會大雨晦冥儒兵大敗

掌故集　安吉在武德中改桃州皎然送安吉康丞詩云君吏桃州尚奇跡桃州採得桃花石則名州之義本以桃花石爲當時所重又皎然有桃花石枕歌云幽石卞山產奇璞荆人至死採不著然則桃花石又出卞山

吳越備史　南唐李昪本潘姓安吉縣人父爲安吉砦將淮南將李神福侵吳興虜其父去昪遂爲神福

家奴徐溫嘗造神福家見而異之求爲養子乃冒徐姓名知誥後篡吳稱帝又更姓名爲李昪國號唐嘗致書于吳越欲以毘陵易吳與引莂田爲說則本潘氏明矣案全唐詩小傳昪字正倫徐州人楊行密養爲子以乞徐溫初冒姓徐名知誥代溫秉政受楊氏禪僭帝位詩史又云昪九歲在溫家咏燈云一點分明值萬金開時惟怕冷風侵主人若也勤挑撥敢向尊前不盡心溫閱之歎賞遂不以常兒目之與倫史所載又異未知孰是

容齋三筆錢武肅在鎮牒鍾廷翰攝安吉主簿牒後衔云使尙父守尙書令吳越王押此牒今藏于王

伯順家其字畫端嚴有法其文則掌書記所撰殊爲不工但印記無存矣謂主簿爲印曹亦佳

志餘　吳越時安吉山中有一翁止一女及笄餘杭口廣求爲婦翁不許未幾翁病故女往城中買棺器中途遇廣具道情故且曰君能爲守父屍當爲君婦廣諾臨行更囑曰牢中有豕可宰以食作者廣至門聞室中歡笑聲廣披籬從牖窺之見小兒數輩侮弄翁屍廣覓杖排門而入忽不見取牢中豕宰訖晚榻于屍旁忽有老鬼伸一手向廣乞肉廣

執其臂曰殺翁者必汝還翁精靈否則不放汝矣老鬼懇曰非我殺翁乃兒輩耳開戶外撫掌嘻笑曰此老貪食固應爾爾老鬼向外呼曰若輩可還翁精靈莫累我翁遂漸甦明日女還相顧驚喜遂以女取之

談志　范文正鎮錢塘時官兵皆被薦湖州獨松巡檢蘇麟不見錄麟獻詩有近水樓臺先得月向陽花木易爲春之句公卽薦之

吳興備志　郎簡宋史臨安人按簡與吳興六老之會

安吉志亦以爲州人與宋史小乘或由臨安宦茗
也其子淑爲京榜進士載郡志則簡之老于吳興
信矣

談藪沈詹事持要坐葉丞相論恢復貶筠州沈方售
一妾年十七八攜與俱行處筠凡七年既歸呼妾
父母以女歸之猶處子時人以比張忠定公會稽

潘方仲爲安吉尉獻詩云云詩見藝文下

西湖志完顏宗弼犯臨安錢塘令朱蹕率民兵邀敵
款拒使杭民得爲逃死計行二十里賊逆戰中傷

猶叱左右負巳擊賊

宋史五行志紹興三十年久雨傷蠶麥害稼辛卯夜山水暴出壞民廬及田桑三十二年蝗紹熙五年八月辛丑平地水丈餘冬無麥苗

古桃志宋紹熙間朝廷毀淫祠文移甫至太守婁安吉人來訪問其姓名曰忠謁侯施彬也請曰某自晉血食鄣南今幸庇護既覺不知所以越數日知峽州朱三思進謁守知其爲安吉人質以所夢朱以廟對守大異之獲存

揮麈錄 呂仲發顯謨宰安吉日縣圃有大杏一株十月間忽開花四朶全似薔薇殊不類杏自是呂從劉恭甫樞密之辟不逾年以四遷秩亦花之瑞也

宋史五行志 嘉定十一年六月戊申大水漂官舍民廬壞田稼人畜

程府志 咸淳十年霖雨天目山崩水滅木安吉武康民溺死者無算

李衛公加封號碑 行在尚書禮部據奉議郎知安吉州安吉縣主管勸農公事弓手寨兵軍正張自明

狀申照得本縣勅賜仁濟廟乃唐衞國公李靖香火武德中討平輔公祏邑人德之相與立祠於縣西之玉磬山今六百餘載蒙本朝節次加封以至王爵凡遇祈禱雨暘隨即感應本縣寄居士民列狀陳乞王封與妻及男加封爵前已嘗保明申州乞備申轉運使臺得蒙申奏朝廷進省部行下奉常擬封名神誥命蒙朝廷降下本縣赴本廟收執了當所有本廟公據未蒙省部頒下今錄白李王與妻及男誥詞在前欲乞省部照勅命指揮給付

公據庶幾仰副國家崇重祀典之意俯慰邑人報荅神休之誠申部伏乞指揮施行奉台判呈本部口根檢到淳祐四年五月九日勅中書門下省尚書省送到禮部狀准御封付下兩浙路轉運司狀奏近據安吉州申備據安吉縣申據寄居士民等狀稱伏見本縣仁濟廟勑封輔世靈佑忠烈廣惠王寶唐李衛公靖之祠按古碑王以唐初討叛丹陽而本縣隸丹陽南境擒輔公祏亂弭暴除民德而祠之今餘六百年崇寧三年賜廟額曰仁濟更

政和隆興或土馬奔躍狂飈駭郤或白氣亢庭陰
兵顯助暴賊夜竄中更金虜越軼萬騎羅拜廟貌
巋然獨存加之水旱應禱邑人屢聞於朝封忠智
景武公繼封忠烈王又加輔世慶元六年以禱雨
降格加輔世靈佑忠烈王暨嘉定之元江浙旱蝗
旁郡縣尤甚邑人有禱雨獨時若蝗去弗害二年
疫癘民走廟懇禱病者絶少洪水漲溢賴王之靈
獨不爲患歲亦告稔民役以聞加封輔世靈佑忠
烈廣惠王妻封協惠夫人王三子長封紹烈侯次

紹威侯季紹休侯今年旱虐爲厲自三月至五月
不雨種不入土本縣萬山一水枯涸特甚聖上側
身既至徧敕州縣禱雨靈祠邑宰宋通直偕僚佐
祇命請廟貌舍縣治以殫懷祈維王之靈深極昭
巽方詣廟時赫日亚中人皆噓汗煩喝王車將駕
日光晻靄陰雲穿漏浮沔迴風往來若物後先雨
陣霹靂隨車而至老稚懽呼及王像奉安縣治大
雨竟夜翼日霑足似霽而陰越二日雨沛如注溥
溢四境狐流支港靡不瀰漫波及鄰縣頃刻之間

不雨而得水咸卽田功無不致敬神異益安吉山
盤地仰稍乾則亢涸稍浸則漂沒王所以既雨隨
霽遽下流水泄始復雨之者恐川壅或以暴民也
妙於庇民如此士民莫不以手加額咸謂聖天子
德通於天神靈受職執事者將命敬恭有此異應
田里熙熙非特有秋巳亦免異日流離蕩析之苦
百里衛戴無以仰報神休伏覩建炎淳熙巳降指
揮如有靈異合該進封緣王巳封八字自崇寧賜
額封至今爵本路州縣奏實非一官須憲詳奏加

封非一議王之靈跡焯焯在民非一事而今者祈
雨感應尤神且速欲乞次第保奏於輔世靈佑忠
烈廣惠王八字內將輔世廣惠字改錫隆稱夫人
三子加昇封號仍乞照廣惠廟例封王祖父及兄
弟第承康公客師王子婦及王孫令問彥芳等以
寵靈跡以慰民望使王之靈愈久愈新與國家休
命相爲無窮民亦荷無窮之至謹錄白廟額及前
後封誥見在乞施行本州所據陳乞保明諸實申
乞施行本司檢准慶元令諸道釋神祠祈禱靈應

請功跡顯著惠利宜加官爵封號廟額者州具事
及人載於祀典者
狀保明申轉運司本司委鄰州官躬親詢究到委
別州不干礙官覆實訖具事實保奏本司牒嘉興
府差委從事郎嘉興府崇德縣主簿周𥠖文前往
安吉州安吉縣詢究到仁濟廟神前項靈跡因依
委的顯著乞備申本州保明詣實申本司乞施行
本司再牒委常州差委儒林郎當州司戶參軍李
煥前去覆實委有上件靈跡保明是實申本司乞
施行本司所據嘉興府委從事郎本府崇德縣主

簿周孺文詢究及常州委儒林郎本州司戶參軍
李煥覆實到上項靈跡本司保明詣實謄錄奏聞
伏候勅旨本部尋連送太常寺勘當其詣實保明
文狀申部去後據太常寺申檢准建炎三年正月
六日已降指揮節文神祠遇有靈應即先賜額次
封侯次封公次封王每加二字至八字與婦人之
神初封夫人二字至八字止淳熙十四年六月十
九日已降指揮節文今後神祠祈禱應驗令諸路
轉運司依條保奏取旨加封今准省部連送准御

封降兩浙西路轉運司保明□安吉州安吉縣仁
濟廟神加封本寺照得今來本路運司已依條差
官詢究覆實了當應得加封條法今欲勘當乞從
建炎三年正月六日并淳熙十四年六月十九日
已降指揮各合擬封下項一安吉州仁濟廟輔世
靈佑忠烈廣惠王已封八字□當應以再行加封
今於八字內改擬美號二字今欲擬輔世靈佑忠
烈威顯王一安吉州仁濟廟輔世靈佑忠烈廣惠
王妻協惠夫人合增加二字作四字夫人今欲擬

協惠助順夫人一安吉州仁濟廟輔世靈佑忠烈
廣惠王長子紹烈侯合增加二字作四字侯今欲
擬紹烈廣靈侯一安吉州仁濟廟輔世靈佑忠烈
廣惠王次子紹威侯合增加二字作四字侯今欲
擬紹威昭貺侯一安吉州仁濟廟輔世靈佑忠烈
廣惠王季子紹休侯合增加二字作四字侯今欲
擬紹休襲福侯已上並合命詞給誥伏乞省部備
申朝廷取旨加封施行申部本部所據太常寺申
到寺理備錄在前上件所乞加封事理伏乞朝廷

指揮施行伏候指揮五月六日奉聖旨依本部除已具申朝廷命詞給誥外尋呈奉判照已降指揮給須至指揮右出給公據付安吉州安吉縣仁濟廟仰收執遵從已降勅命指揮照應施行淳祐七年五月日給

夷堅志 姚尚書祐字伯受湖州安吉寒儒也從其兄依富室館地富翁擇葬地延一客名術者於家使寓宿書館因與姚善翁嘗與之行視某處山以爲不堪用既他卜矣他日再往則秀氣呈露儼然佳

城念前語之失弗敢言密以告於姚曰君從主人求之候得當指穴以告所謂某處者翁家山也姚方居父喪從客請於翁翁曰吾初意亦欲爲先生求一地今幸可用吾復何辭客又語姚曰此翁倘悔之將必爭須立劵乃可約既定客引姚縱觀而謂之曰此地兩處皆有穴就上穴則二君服闋後即登科驟驟要津將患壽數不能長若就下穴則奮發稍遲至三十年後乃盛可出執政二者惟所擇姚曰吾力貧無以餬口早得祿食足矣何暇遠

冀三十年外乎願處其上客曰然則姑營之異時纔小振如吾言却移下亦可但不復有執政耳遂如之已而兄弟聯第伯受爲符寶郎伯兄卒於州通判思容纍說而懼且數夢亡父來衣裳皆爲水所漬於是謁告還泊啟壙水盈其熱如湯伯受至禮部尙書丁母憂後出鎮太原以鄉縣小胥造冢逼其先墓疑爲厭巳請解官持服詔提舉上淸寶籙宮兄先後三議除丞轄輒不成而止尋卒

吳興備志袁說友建安人志以爲安吉人誤

吳興備志宋有三王遺一字貫之莆人見宋史一字英伯京口人見桯史一字德遠安吉人范石湖之壻也

杭州府志咸淳四年封朱公蹕爲顯忠侯誥曰生爲烈士殁爲明靈宜也制曰死於王事可不表而出之建炎初金虜犯杭汝時率錢塘鳩民丁邀擊之設奇疑敵民得逃生身中流矢猶能扶傷尾襲奮勇直前竟以戰沒功烈如此爵命未加非缺典歟民不能忘合辭請於部使者遂徹予聞深用嘉歎

曁賜侯封以旌爾尊主庇民之功謚曰顯忠侯

吳興備志陳振孫提舉浙西舉行萬戶停廢階庫邦人德之管攝與化篆折獄平允

宋史帝㬎德祐元年乙亥元兵發建康參政阿剌罕四萬戶總管粤魯赤將右軍出四安鎮趣獨松關遂破四安鎮正將吳明死之破獨松關馮驥死之張濡遁鄰邑

通志德祐元年以元兵漸逼遣將列戍要害命羅淋戍獨松關元將阿剌罕自建康分兵出廣德四安

鎮獨松關遂陷之臨安震懼

癸辛雜識安吉縣朱寶夫馬相碧梧之壻也有溫生者因朱而登馬相之門近復無聊遂依白雲宗賢僧錄者無以動之乃創爲說曰曩碧梧與之言向在相位日蒙度宗宿諭云朕嘗夢一聖僧來謁從朕借大內之地爲卓錫之所朕嘗許之是何祥也馬雖知爲不祥而不敢言今白雲寺所建般若寺即昔之寢殿也則知事皆前定于是其徒遂以此說載之寺碑以神其事

吳興備志麥樹翁安吉人以爲歸安誤
宋史元世祖取宋先遣廉希賢等至宋議和次建康
以壯士五百護至獨松關宋守臣張濡以爲北兵
叩關率兵掩擊希賢等被害世祖大怒趣進兵伯
顏進次臯亭山亦分兵由此關入餘杭宋志出關
抵安吉界道高淯縣廣德州達江寗路徑直五日
可至故自江寗走杭州府治者如由句容丹陽而
南雖水陸可並進路反遶至九百餘里盡驛道也
此路雖由陸不通舟航近且半之規利乘便者疾

趨焉由獨松關經縣北進而南遂抵錢塘故知獨松塘路誠武林之咽喉矣

宋史元兵入建康臨安震恐遣張濡戍獨松關郁天與戍四安鎮趙淮戍銀杏浦與張世傑遣劉順進軍廣德後劉順戰安吉縣復取鳳平張濡部曲害元行人嚴忠範于獨松關執廉希賢送臨安因免安吉縣租

程府志元順帝至正十二年壬辰徐壽輝遣兵攻獨松百丈幽嶺三關叢搏胥乃先以兵守雙溪雙溪

三關要路也既又分三軍一出獨松一出百丈一
出幽嶺然後會兵搗賊遂乘勝復安吉
宋學士集至正十六年二月張士誠遣兵陷湖州路
十八年太祖命元帥費子賢總管張俊德守安吉
築城固守士誠出兵來攻別將廖永安與戰于太
湖乘舟深入後軍不繼爲所獲士誠欲降之永安
不屈遂拘囚之太祖念其守義遥封楚國公後竟
囚死二十五年士誠兵寇安吉等將費子賢擊却
之

家乘李道字尚德其先汴人宋建炎戊申狀元易五世孫艱子息每歲詣徑山祈子元成宗壬寅正月又將往焉途遇異僧謂之曰居士往徑山求子乎曰然曰勿去居士鄰近有小徑山能恢復之生子必矣遂遵之登登托山宿茅菴中詰旦僧與菴俱不見道始悟以爲神歸而閱志乃知即晉之寶陁寺後改爲寶嚴院久罹兵火基址俱爲人侵佔道獨捐千金鳩工開拓兼捨竹山四十餘畝以供香火後果得三子

江志洪武三十一年大水入城

西吳里語永樂十二年甲午廣菑鄉吳貴歸謀亂拒殺官兵長與相繼騷動陽武侯薛祿奉命將兵來討御史祝某監其軍奉有克定之日盡殲二縣之命及至一鼓擒其首惡因議二縣之人脅從者甚多祿乃按兵境上命祝馳奏請貸恐不及事兼程而進往復八千里才半月而祝竟以勞斃二縣更生之德至今感之惜佚其名

胡府志潘昱字孟昭號耕隱烏程人隱居樂善人見

之如坐春風料事成敗了了守令無不引重呼之
曰潘處士景泰五年歲大祲安吉尤甚民以徵科
幾至激變知府趙登造門問計曰若輩苦徵輸
耳家有歲積願代輸一[illegible]全賦于是牛車所至歡
聲載道官民賴以安至豐年官爲徵償且焚券
而還撫按上其事賜七品尚義郎旌表其門
程府志宣德間安吉有貲某者豪横專恣占人子女
田宅官不能禁知府趙登刻其罪以聞詔遷其家
散所占人田產還民閭閻中肅然

伍志景泰五年大雪平地深七尺凍死百餘人

碑畧李順烏程人本姓施名三保少有勇力由長興抵安吉闔土豪某魚肉鄉鄰順不能平欲除之一日憩李下見結實垂垂卜之曰我能除其害李其入吾口言訖果墜口中乃大喜偕其兄手剪土豪復懼罪自殺其兄行六亦同時死鄉人德之請于官天順九年封總管萬曆四十二年勅封龍山感應侯鄉人以李墜之順其意也僉曰總管李順云

案碑文漫漶不能句讀因節錄之

列朝詩集 唐廣字惟勤庠之弟也嘗爲本邵安吉縣醫官自號半隱面如紅玉目光閃閃如畫中人善詼好飲手抄奇書異傳不惜示人吳興郎大蘇有詩名纖麗似溫李惟勤一變爲中唐沖淡類韋柳張淵子靜其所造就也成化辛丑歲卒朱存理作唐半隱小傳

江志 成化十五年大水入城

湧幢小品 李衛公廟初在玉磬山陽上方寺前宋乾元間風雨暴作廟移于山之東即今址也熙甯甲

寅隕石于廟之東嘉定己卯隕石于右廡下元泰定乙丑隕石于左偏棟宇像設一無所損若置之者成化辛丑復隕石于後殿楣不損損桷之楣宏治初歲大旱邑令某禱神禱雨雨隨輿至須臾復遲癸亥夏旱且酷熱禱于神神額有汗如珠拭之復汗雨亦隨應初神微時射獵霍山投宿朱門遂有乘龍行雨之事則神之靈異其來也遠矣

伍志陳齋郎湖州安吉人因遊春渴掬澗水兩口嚥之數日心腹微痛日久疼甚服藥醫診之云心脾

受毒今心脉損甚齋郎答曰去年涉春渴飲澗水得此病醫云喫却蛇在澗遊遺下不淨在澗水內蛇已成形在腹中食其心而痛遂以水調雄黃服之果下赤蛇數條能走

靈應錄安吉有村嫗家好修善長蔬食或見魚鳥雀皆贖而放之因潦水後有一龜長尺餘從門入嫗怪之令子持往瀆中放之其龜又上岸沿岡至畦間有一孔穴可深二三尺龜忽墮其中嫗子因本放汝命却落于此中乃攘臂取之得白銀一錠

而龜已不見

江志宏治十六年旱疫虎晝羣行

見聞紀訓正德丁卯同學王忠賢元旦夢一官府門墻若掛舉人榜者其第一名乃同學章景餘不記榜尾畫官士僧道各色人像青紅錯雜爛然盈紙一日語予曰今科章惟賢景字中解元矣其遞其夢予曰維賢固應中但解元恐難耳其榜尾之像吾二人亦率率解之後府考遺才凡五學十九人而惟賢果第一于時適有相士畫圖一副懸諸榜

後相接無間昔日之夢至是驗之無爽

江志正德元年民訛言狐妖五年地震

見聞紀訓正德三年安吉州大饑各鄉顆粒無收吾鄉獨賴堰水大稔州官棨中災蠲租明年又大水各鄉禾渰没殆盡而吾鄉頗高阜又獨稔州官又棨中災租又得免且得買各鄉所鬻產及器皿諸物價廉獲利三倍于是大家小戶狼戾屑越劇戲宴飲無日不爾意揚揚自爲樂也予謂家叔兄曰吾村當有奇禍兄問何故予曰無福消受耳吾家

與都與張根基稍厚猶或小可彼俞費芮李四小姓恐不免也兄殊不以爲然未幾村大疫四家男婦死無子遺惟費氏僅存五六丁兄稍動念問吾三家畢竟何如予曰雖不若四家之甚損耗恐終有之越一年果陸續俱遭回祿嗟嗟予爲此言豈無稽哉大抵冒越之利鬼神所忌而禍福倚伏亦乘除之數況又暴殄天物耶

正德庚午予遊學廣德忽本庠掌教張先生使人呼回謂予曰歸安武大尹名詢文晉江人乃蔡虛齋高弟今

科必入簾吾介爾往拜其門以文字結知師友之情人孰無之場中當必留意余唯而出私念窮通得失有命在天進不以正識者所鄙遂托辭不往而是歲僥倖中式乃恰由武公所取加溢矣焉當時設從張師之言則彼此無以自明終身含媿多矣可見人之出處預定眞不須分外謀求徒壞心術也同上

江志嘉靖六年雨血秋山水溢漲鋪溺死百餘人八年大水入城

伍志嘉靖九年安吉夏饑知府萬雲鵬出帑羡代輸稅之半

江志嘉靖二十三年旱大饑

程府志嘉靖三十五年安吉江天祥集衆欲殺其怨家巡按御史林應箕檄參政曹汴僉事胡堯臣進勦謀于唐樞樞曰此山民之無知者激之則變愈生宜緩之因身入賊巢曉以赤族之禍天祥叩首出血遂還故居散去餘黨帖然服罪後一年有司潛使其黨沈龍殺之

木鐘臺集梅溪有江天祥之亂公私戒嚴兵無可衛調者部使及監司議撫以托于先生先生遂入其巢諭之曰汝之仇趙吾甚憐其情乃忿發轉仇于國法其爲計左矣江曰大人言則過乎先生曰法度乃國家法度有仇許汝自白有司不公許汝并白有司并白而不行直咎命而已敢與國家敵國家合四海之力如繭絲牛毛國家法度能治汝所顯國家存恤不辜之仁誰能照汝隱情吾甚爲汝憐之今爲汝計莫若急卸刀鎗吾能保汝待以不

死江曰大人何自而來先生曰部使監司屬之來江曰其屬之來何故先生曰亦為兵力不足江曰既不足兵力何以謂國家能治我先生曰兵力不足者于湖于浙言之合四海之力而于汝謂之不足耶江曰信以何術貸我先生曰諸司不可慿只我不欺一念可以獻信江曰大人何以信諸司先生曰諸司圖之急乘其急而應之即赴戎所可令信也江曰設諸兵力足以謀大人大人何措先生曰吾安肯欺汝昔唐三府謀于吾吾以急請兵告

吾幾中汝江曰公誠神人也語唐三府計已諜知之吾謹任公進止遂撤兜防散篡與出餽饟罰

〔江志〕嘉靖三十九年四月地震十二月雷電

兒聞紀訓嘉靖甲辰荒歉之甚賣妻鬻子者無算上江人聞風而來收去爲奴然只買婦女而男子則否銅山一人（忘其姓名）妻先賣矣止遺九歲一男計拐爲女賣之所得價直適遂州差催税人奪以抵其税焉其人苦不聊生遂投河而死其買女者行數里識爲男也仍負之追來問其父已死矣乃乘忿

棄其男于水中嗟傷哉歲歉民窮一至此極肉食者宜深長思矣

西山日記安吉東門顏六一鄉皆稱善人云年六十無子隣有范醫官者君子人也嘗遘疾就醫杭州伻至自家問以鄉事伻曰對門顏六死矣范大駭乃詬詈伻以爲誑伻曰信然范曰此人善人且未有子可死之耶卽死當復甦伻竊笑之數日范歸至湖州舟逢鄉人問曰顏六無恙否鄉人曰某日晩死矣其家沐浴就殯撫其胸微溫開鼻中斯斯

有聲以湯灌之漸甦今能食糜矣范乃白神其見遲造顏六嘻之日丈勿憂夫必不絕爾也後果生一子年六十七卒

見聞紀訓遞鋪市賈黃璪仕[illegible]人爲人質直謹愿較諸賈中不甚計利好行[illegible]以救濟人見惡人輒搖手縮頸避之僅一子名稼攜之以隨予愛其長者嘗與之往來嘉靖七年八月水驟溢壞民田廬予時卧病家居水出几榻上幾殆亟乘桴登葉師張先生樓得免望遞鋪廬舍如木葉下須臾一人

乘船過樓下呼曰黃臻父子俱溺死矣張先生不勝歎息予獨不信曰斯人也萬無父子俱死理張先生曰迂哉子也顏夭跖壽幾何可言天道哉予曰雖然論理之常父子决存其一詰旦臻攜其子來自言抱竹漂三十里遭一大樹根遂捫樹上其子騎一梁木出沒洶濤中逢舟人援以入舟是以父子俱無恙予鼓掌大笑曰信哉言乎張先生默然良久曰設使盆成括不死孟子之言猶信也

沿干朱氏名南鬼降其家有形聲能作詩與其館賓范

生常講毛詩論孟子史之文一一可聽人問吉凶事大書以示凡文人至必贈以詩如此者將一年其事甚異多不能盡述時嘉靖改元也予服闋當謁選京師有事過沿干莊朱氏來邀予過焉入門見紙四幅俱草書古詩墨跡猶津津未乾乃鬼書者也少頃宴予後堂范生謂予曰先生來辱神必有詩贈之予但唯唯平時凡有詩贈人其家先具紙筆硯墨于几闔戶閴聲凡聲乃入取詩予宴既久寂不聞有聲朱氏怪焉乃拉予排戶入則見其

碎硯裂紙壞筆墨几上書數大字云今以後不復敢書矣予笑曰神其棄予耶自是鬼不復來其家

遂寧以下十四條俱同上

芝里朱某平生最惡蜂窠梁柱間每見蜂從窠入輒以物塞之雖在高處必設梯以塞之在他人家見之亦然後連生二子毅道皆瘖而不通人教以秤尾燒紅鑽之竟死遂絕嗣

程璦休寧人寓安吉北門外開鋪賣飯招徠商賈送行然其人雖居市井而輕利重義有歸安宗定

者携銀百兩來州買絲絲未出復歸飯于程舖就偃其馬下梅溪置其銀于布褭懸之鞍上不意中途墜于地不覺也跟馬適拾之瘞于路旁竹叢中而宗定至梅溪解褭不見初不意僮也乃馳回程舖榜諸途曰得銀者願平分之程覘僮面色可疑遂密誘之不伏又威嚇之始吐實遂押僮至瘞所取銀還之宗以其半為謝堅辭不受減至三十兩亦不受然程之拾遺而還非止一次此特其多者耳嗚呼今之人競刀錐之利至忍心害理而弗之

顧況百金哉柳子作吏商議官之賊者此豈乃甚人者商也而所爲若是恐爲士者或不及也吾將目之曰商士不亦可乎

耶嘩猾介峭直不肆文業而好閱史鑑遇忠孝節義欣欣動色擊几朗誦遇奸回邪佞則憤惋嗔叱若身被其害者一日忽露頂袒臂扼腕繞屋走且罵曰惱殺我惱殺我舉家莫知所以移時臥牀上氣漸平家人徐問怒何也曰頃讀秦檜殺岳飛事不禁憤氣填胸耳

梅溪一富翁最貪而吝銀幣錢穀日益充積予每對錢煥卿曰此人當有奇禍問曰何也曰財積不散又無一善狀欲無殃得乎過二三年予又曰此人禍且至矣煥卿又問何也曰癡惟貪者可厭諸而已近聞漸驕横非速禍哉未幾爲賊刺殺之

邸士英劉鳴遠二人過沿干廟就籬傍溺見粗紙一團棄地上邸戲以溺條灑洒之已乃坐廟門限少頃一丐者過亟以手所拄竹杖疾戳所見紙處邸問戳何也丐者曰有小蛇蟠此故戳之耳邸心疑

之曰吾所見者粗紙耳所謂蛇也豈蛇藏紙下耶
又少頃見一少年騎馬過輒勒馬下若有所拾置
袖中即趨問曰君取何物也少年曰誰遺一荷包
耳即取視之果青紵綵荷包一面有溺漬數點猶
濕又有破痕五六處乃竹杖所戳者其中有銀一
塊僅五六分耳即具以告三人乃相顧嘆異久之

范洪字藻軒少英俊有文學名所自期待不在近小
而父兄輩亦以遠大期之其母一夕夢人報洪中
舉須與鼓吹旗纛導送一綵幛□其家懸諸壁上

中書一兵字如車輪大諦視漸縮而小至如盤如盂而止覺語其夫夫曰吾兒必爲司馬掌兵政又一夕其父亦夢人報曰爾子選官矣亟趨視榜見洪名下注指揮二字覺乃曰文官那有指揮得非總制以指揮三軍之徵耶又與前兵字夢相合則相與大喜私識之其後洪屢試不第竟由歲貢選南京東城兵馬指揮

歲貢龐天瑞名麟輕佻狡僞靡所不爲二子又皆濟惡不才比謁選乃得廣東感恩縣知縣父子志驕

氣盈盈不自持瀕行率二子拜辭州守弋陽陳公既退公謂左右曰是父是子行既不臧貌復委瑣非享福器也滿取而早歸猶或可耳不然將不免終及蒞任乃恣意貪饕踰年先以所得遣長子持歸至中途暴卒其橐囊悉為一僕席捲逃去再踰年麟及次子俱死焉吁小船重載而又以悖入之貨欲免傾覆難矣陳公信知言哉

鄒定四余母黨親也掘地得藏銀一甕甚多于是儘力營造輪奐一新將完木匠與其子戲弄墮地死

訟于官官知其得藏貨也重索之殆盡訟息而祈舊房屋回祿一夕燬之矣蘇東坡云無故而得千金不有大福必有大禍以此觀之則薄命之人豈特千金雖數十金有禍矣吁可妄求乎哉

從兄郁七公堂有燕將雛巢忽燬俄羣燕成陣啣泥而入猴去疾來頃刻巢成閱日遂哺數雛巢中乃知羣燕以事急而助力焉義哉燕也

姪恂六偶坐簷下見一大蜘蛛結網簷畔又一小蜘蛛進其傍結一小網於右俄大網破壞大蜘蛛將

收絲于腹中另結爲絲盡收訖獨右畔一絲牽連小網若去之則於小網無所依必毀乃盤旋梁柱間若有遲疑籌度之意良久竟不收而去夫不忍彼網之毀寧舍已所有以全之仁哉蜘也

姪懷四家有黑白二雌鵞二窠相並各哺雛數隻越數日黑鵞死衆雛失恃焉其白鵞每晨必至其窠呼雛與已雛同啄園中晚必領其雛至窠乃去似有恤孤之仁念同類之義仁義哉鵞也

予少時見對門芮家甚貧畜一犬惟吃糠粃與臭穢

耳隔壁姚家店有二犬牢中殘粥冷飯常有剩餘二家所限僅一竹籬而空竇處亦寬穿過特易姚犬或向籬邊低聲搖尾若有招呼之狀而芮犬蟠曲卧地上但略昂首而已竟不過食其餘予每見而異之吁觀此四物芮人而不仁不義貪饕無耻則禽獸蟲豸不若也何以爲人哉

同里許阿愛楊達萬中極貧惟以撑筏載商貨爲生三人者因與徽商程琳爭屈直觸其怒遂誣以侵盜貨物米布乾魚各若干乃自取乾魚一包爲贓

投里長鄭昇賄囑爲證呈告于州州主林雲溪信之痛加箠楚許阿愛自經死獄中楊蓬萬中俱問刺徒配驛陸續死于驛阿愛父母老而饑寒且苦其子亦相繼而死嗚呼琳起于忿昇忍于賄官偏于執共殺平民五人焉冤哉冤哉

同里施氏張氏二家比鄰且姻也施之羊食張之豆互相爭毆訟于州事屬方倅詞內各牽扯別事變延不決適施之族人有義男病死遂誣以人命事益大日益久而所費益多張有田七畝盡鬻焉又

將鬻其所居之室妻子交徧怨讟遂自經死而施之家亦廢吁一朝之忿忘其身以及其親殷鑒不遠盍亦知所懲哉

先進遺風 太宰默泉吳公鵬筮仕都水司主事提督徂徠泉前任爲湖州陳公良謨公特訪之别時問曰兄何以教我陳公具一冊題曰交薪忠告條予左某事我所經畫頗當君宜仍之某事宜于前而今有獘吾欲改而未改君宜易之某人可用君用之勿疑某人不可用吾欲黜而未黜君宜黜之凡

十餘條吳公初至按冊試一二衆以爲宜乃遂悉措諸行人翕然稱善吳公後官冢宰以是與陳公爲相知

一統志真賞亭在安吉縣西三里上方山之麓宋乾道間知縣安鼎夢遊此山後因往上方山循行而南經此與昔所夢無異遂建亭名真賞明章綱亦夢遊此地次旦與客往過乃重建作賦

通志山自天目而北重岡結澗廻環數百里獨松嶺峙其中路險狹東南則直走臨安西北則通安吉

趙廣德爲江浙二境步騎爭逐之交

明詩綜詩話陳中夫生十月而孤母都夫人躬教之學既登第奉母入京邸水涸卧小舟中夜呻吟母責之曰貧生出入徒步若初入官便思安逸縱此一念吾立見汝敗矣中夫泣伏罪歷任以清介聞歸田後入峴山社年已九十賦詩云夙駕侵寒路歸帆拂暮星興復不淺

伍志笑灘者土人取魚別名也其溪多沙石水清見底苦無魚惟黃梅雨溢其魚或有自太湖而逆上

者潛伏廣苕旋復返土人探其往來處破竹橫溪
中下置竹籠有倒綠水風相激則竹鳴魚疑其鳴
者避之而不知籠之不鳴者有機巧伏焉進不能
出始一笑而取故名又有網斗撈之者亦謂之魚
媒

曹志天啟元年大雪民間有天啟元年雪擅檐之
謠

曹志崇禎十四年大饑

長興邢志崇禎十七年三月京師陷明年潞王在杭

州諸生費宏璣奉劄爲參軍副使募兵蘇湖勤王六月初三日降將祖大弼統兵數千來圍城城中共推宏璣爲監軍督民兵固守擒殺知府馮汝緍及安吉知州包瀨後大兵復來先後死義者甚多

案向傳陳元白殺包知州據此則元白之舉乃爲應義非無故鹵莽者

長興譚志胡駿妻韋氏駿茂才系出新安流寓于苕氏治饋佐蘋有古雞鳴雜佩風乙酉兵至駿攜氏避紫梅溪登舟渡池突遇數十騎氏知不免持駿所愛文冊躍入池中時同舟赴水者尚有三人氏

之姻過氏駿伯父銶秀副篷栢氏馮室陳氏當湖名家女嫡子駿兄端當其隕水一卒捽髮出之將引其臂女大呼曰吾臂可斷不可執卒揮刃剸顱半面俱裂爰禍尤酷兵退撈韋氏尸所持文冊猶在手池水忽湧丈餘觀者異之

長興譚志臧爾瑨妻孫氏父一俊世居四安鎮氏幼警敏父愛憐之年二十一歸爾瑨四十日而爾瑨父懋循歿事姑曲盡婦道懋循既以廉吏無餘而爾瑨復以貴介豪舉賓客時酣飲滿座氏盡脫

簪珥以佐不惜也迨舉二子而爾瑶發貧無以殮宗黨有致賻者氏曰有子而他人爲之殯子長何以自立于鄉黨郄之拮据大事無失禮力撫二子鞠育盡瘁及長規模次第秩秩有家法未幾遭鼎革避匿安吉道遇賊兵同舟倉皇無措氏授計舟子使訶之曰若非孫將軍兵乎寧不知吾主爲將軍姊而敢阻耶賊惶駭避去蓋氏問賊將姓孫故紿之同舟俱賴以全其臨事機警類如此年七十四卒長子庸早殀次賡補諸生有文名事氏能竭

力

曹志康熙七年六月地震

志餘康熙五十一年有人掘得何首烏長尺許宛然人形鬚眉畢具但多毛而黑大如徐文長所謂未開光明泥菩薩也安吉知州張毓時解任寓城之西以一金博得之出與衆客傳看或言此係人力假造不足異然審視都無痕迹且以簪針之多汁漿當是真物

通志雍正五年七月十八日夜孝豐出蛟山水陡發

安吉德清武康三州縣俱淹没田禾

順零鄉盛啟森字華民賦質醇謹有長者風偶憇村菴拾遺金六兩餘即訪原主還之其人願酬一半堅卻不受後其子購一吉地葬父價與所還金數符人咸謂厚德之報

嘉慶間遞鋪鎮潭塲溪每夜火光燭天遠近咸見之附鎮鄉村驚異有好事者邀村堡會議發掘禍福相共遂刻日跡其出火處掘之約丈餘瞥見缸甕幾具發視稽中俱鬼神臉面異樣洵駭並無劍

蝕痕各有勅封別號但不識何代物鄉人議將各
臉面分置每村社廟惟費家頭分去者被茂材朱
文林付之一炬後亦無恙餘村每值賽會宰猪羊
禱祝無敢或懈芝里村分置之神號羅平天子攷
羅平是五代時董昌僭逆閩越國號後爲吳越王
所滅或當時征戰藏之以取威歟抑後代立像祀
之歟然不可知矣惟數百年之故物淪沒土中無
端陡現而鮮明如新眞不可解粵匪之難盡毁

道光二十一年大雪自十月三十日起至十一月

初七日止平地丈餘道路不通者六七日街市無人屋宇震壞者無數民有震壓死者有饑餓死者野獸饑斃者亦不知其數其陰寒處積雪至明年三月後方消

燈影筆譚知覺運動飲食男女人與物同者也語言衣服七情六慾與凡民同者也衣冠禮義周旋揖讓與士大夫同者也求其所以不同而成爲人者安在則識超而志可立矣

燈影筆譚神仙之說惑者惑之知者取爲御風而行

不過如摩天之鷹食氣而壽不過如支牀之龜雞犬飛昇在天上不過鳴吠徐甲長生活二三百歲不過服役願以告世之燒丹辟穀者

道光二十二年夏旱至秋米騰貴百姓取王母山泥食之號曰觀音粉泥色白微紫細膩食之耐饑大便堅民始洶洶識者知爲不祥至咸豐間遂有粵匪之難

道光二十九年夏大水平地丈餘陸路不通者半月

道光三十年八月大水入城衝倒東城牆數十丈

城西北門積水丈餘

咸豐間五庄村嚴某素有隱惡其家忽有妖器皿雜物平空擲擊火屢燃隨撲隨滅亦隨貂聞其聲不見其形羣稱之曰狐仙適有誤叱爲妖空中即以凶器擲面却不致受傷百計禳之罔效惡擾年餘家遂落後亦尋滅古人云妖由人興信然歟

粤匪之難庚申二月初八日賊陷安吉時山水暴漲龍溪難渡又有官軍由獨松關出故賊攻杭州

不由遞鋪獨松關而由埭溪姚湖關後賊攻杭州不能據由武康餘杭穿遞鋪而去自此攻杭湖兩府每以安吉為孔道杭州至辛酉十一月而陷湖州至壬戌五月而陷自庚申至壬戌賊往來不紀其數民始時死於兵戈其餓斃者尚少至壬戌五六月顆粒難得民皆食木皮青苔由是八九餓斃徙時戶口十三萬有奇至甲子秋賊退編排止六千遺人而已

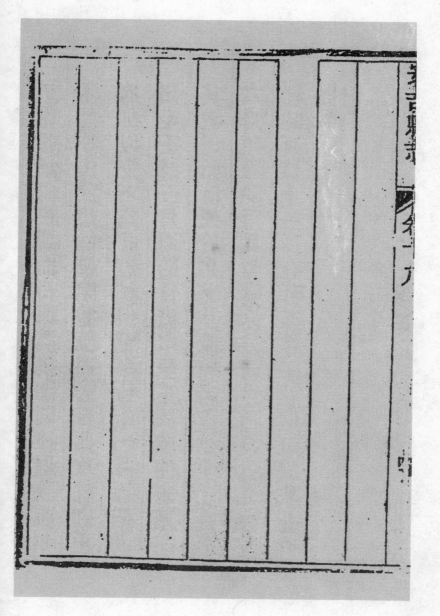

（清）劉濬修　（清）潘宅仁等纂

【同治】孝豐縣志

清光緒五年（1879）刻本

災歉

三時不害而民和年豐雖堯水湯旱非由感召而理語其常戒警恐懼與先事預防不敢忽也自前明分治至康熙初水旱頻仍迭書饑饉志麥有秋者二一而當歲即又無禾於以知福不易承而患可懼也康熙十二年後邑志失修無他記載可考郡志災祥門載雍正五年水賑䘏門載乾隆二十年湖屬災賑孝豐亦在其列故摘錄之自蕩平後數十載迭逢有秋此生民之大幸然亦當惕然自警好樂無荒勿狃爲常也

志災歉

（羅志）三國吳赤烏十三年八月故鄣諸山崩水溢

宋咸淳十年霖雨天目山崩水滅木民漂沒死者無算

明洪武三十一年大水

景泰五年大雪平地深七尺凍死者甚衆

成化十五年大水平崖

弘治十六年旱疫

正德元年歲大祲道殣相望　十四年秋水大盛合郡災傷（若紀）

嘉靖六年秋山水漂溢溺死者甚衆　十九年大旱饑（石米一兩八錢）

三十九年大水入民漂沒田地成溪者難以數計

萬歷八年旱大饑　十五年五月大水無麥禾　十六年旱蝗

且大疫時饑殍載道民茹草木（石米一兩八錢）　十七年麥有秋夏

六月至八月不雨無禾　二十三年大雪平地丈許兩月雪

凍不釋死者甚衆鳥隼狐兔虎猿俱凍死　二十四年八月

大風拔木屋瓦皆飛　二十九年竹實人採以爲食　三十

六年大水（按府志人物傳萬歷戊申年烏程人朱應選遊學京邸聞郡大水與同邑關大宗合疏奏闕蠲免七州邑錢糧戊申萬歷三十六年也）

天啟元年大雨雪

崇禎十三年大饑道殣相望死者不可勝數　十四年七月十

四日大水　十七年天目洪水漲蛟蜃出損禾田房屋數百

家

國朝順治二年歲大祲（石米價二兩七錢）　十年歲大旱饑民採蕨爲

食繼以葛及榆皮　十一年麥有秋七月青蟲食苗

康熙六十年大旱

浙江通志雍正五年七月十八日夜孝豐出蛟山水陡發

府志雍正五年七月十八日夜出蛟山水陡發渰没田禾

乾隆二十年歲饑　二十一年饑　四十六年饑

嘉慶二十年歲饑　二十三年歲饑

道光三年大水　八年旱　十一年小旱　十二年小旱　十三年大旱　十四年小旱　十五年小旱　二十一年大雪十一月初一起二十六日止深九尺民多饑者　二十四年歲饑　二十六年七月十四日山水驟發衝去棺柩四千餘

口二十八年八月小水　二十九年春夏之際一月間發

水二十九次民災

咸豐七年九月蝗　八年二月蝗四月二十九日忽不見　十

一年十二月二十九日大雪四尺餘

同治元年六七月瘟疫民遭兵戈者半遭瘟疫者亦半　七年

五月大水　十年三月初旬大風雨大木盡拔一日夜民屋

圮者數次　十年十一月二十五日申刻大沙霧西鄉黃色

南鄉黑色地震　十三年十月二十日夜地雷震

光緒二年六月大水　三年五月蝗

怪異

反常爲怪聖人所不語然日月之薄蝕山川之崩竭石言鷁退李梅冬實皆反常也而筆之於經則夫不語者不爲津津樂道以聳人聽聞而未嘗不欲人見微知著而惕然以自警茲照舊志所有錄而存之覽者懼而修德則祥桑既榮而復枯彗星已見而退舍無難也志怪異

嘉靖六年雨血

萬歷二十五年正月移風浮玉山號數里三月人惑於謠徙者數千家晝夜不息子女投於溝壑老羸仆於道左 二十七年移風鄉白晝虎傷一人復入舍人母病臥虎欲傷之其婦

持刀救被傷又至一家婦驚閉戶值父子樵歸虎傷其子其
父死力搏之幸脫

崇禎十八年天目山有一石出土中長可三尺許周圍半尺有
奇上銳下平四隅稜角不甚周正有天下興順太平石七字
無剞劂痕今在龍廟中

國朝順治七年六月十七日戌時初一刻地震彗星見

康熙五年六月有馬見於魚池鄉之安市毛鬣如凡馬背有肉
鞍往來田間未嘗避人欲近之即駛迅如電月餘不知所往
兵燹後金石鄉山中人見數次馬形相似當即此也

兵後四鄉有獸食屑棺尸骨似人非人似熊非熊無有識者

人瑞

聖人在上百族各遂其生在物則無胎夭殰殈而暢茂繁植在人則無短折鰥寡而康强逢吉化國之日舒以長此其驗矣故循省風俗必先問高年然或深山窮谷載筆無人輶軒巡行又復不及則隨以湮沒舊志所由闕如變故以來益無徵信茲據各姓家乘僅存者核入簡編雖遺畧正多亦見祥和之醞釀非一日也志人瑞

國朝楊枝昌以耆典三奉 覃恩 賞正八品銜給丁奉養壽九十三歲

許銘錸號律音一百五歲邑主黃旌以壽同天月

許其秀九十九歲

章鳴鑾字有南號藹菴監生年九十歲親見七代五世同堂道
光元年呈請　旌表

許子禮字節文九十九歲　賜八品銜

葉祖彬及妻萬氏並九十六歲親見七葉五世同堂道光十六
年呈請　旌表

【嘉靖】德清縣志

（明）郝成性修　（明）陳霆纂

明嘉靖四年（1525）刻嘉靖十六年（1537）增刻本

異聞

章后端異 陳武帝章后縣之十二都人其未誕時宅邊水中忽重臺千葉蓮花出焉識者曰此地當生美人花其兆也已而后生紫光照室及長聰慧美姿容善書計解誦詩武帝聞之選爲夫人及即位冊以爲后端蓮寺碑

木觀音 縣之新市鎮在昔五月閒梅雨浹旬溪漲大作不知於何許漂一巨木橫于橋下好事者取視約畧如觀音之像遂命匠者刻繪成之溪覺海寺供養張敏叔詩所謂市橋橫渡木觀音者是也餘不志

溪蜃泄形 正德巳卯春本縣修葺城隍廟工人於神像傍掘穴鍇石灰甫深六七尺忽熱氣騰湧如霧經宿則浮沫滿穴詰旦

董役者來廟遽前諦視之則見白角如巨[illegible]二尺許懼而亟掩之按餘不志龜溪之蠶首有[illegible]隍廟今所泄露者蠶之角也閒居錄

瑞蒲

邑之十四都內有一潭當洸定氏舍首其父祖盛時水涯忽產蒲業幾尋仍里俗以為異遇重午日爭來掘取斬其葉以辟瘟瘴其根以入藥遂表蒲以瑞而姓潭以蒲迄今蒲雖歲產然異常者罕有之矣瑞蒲圖

妖祥

宋世雷擊覺海寺殿柱上有鬼書

覺海寺在宋時殿柱一日為雷所劈有雷書曰酉侯李約火攸利火謝均思通等十二字倒書于柱張敏叔詩殿柱倒書雷部火謂此也

天順二年覺海寺芝生

是歲芝生于寺之觀音堂夾室中明年復生於觀音座下頭間即長尺許先民有言草木効靈累出則不足為瑞蓋木妖也

成化

二十年虎晝入慈相寺是歲或日方昕寺僧宗瓚起謁佛覺後有行跡聲回顧則虎也僧急越牕而逃虎即追躍墮醬缸中僧得免已而虎巡繞寺中無所得至東院無人虎益怒嚙其版臺碎焉出院有村婦担柴而來卒遇之虎哆口向婦婦無所措即以臂探其口中摘其舌虎嚙而走婦亦不死久之衆集而驅乃逸去

弘治六年夏六月旋風飄失民廬縣之十八都有何大輿者本窮氓也是歲六月二十七日旋風大作其家之屋廬器什牲畜爲風所捲四散飄没所餘惟人焉里俗謂之天抄

是歲虎晝行縣市時市亭山有牧豎據地而奕虎忽出其傍衆以瓦礫擲之旋逐旋行迤邐至阜安橋之左市人集衆驅之乃登市屋已而止于談氏之牆簷談之犬御其尾下之驚而反走至日曛乃逸

十二年冬十一月新市鎮大火凡延燔入百餘家所餘四週而已人號鬼

泣訖半月弗寧

十六年夏有龍自黃安村之境貼雲而飛迤邐至南乃沒時空中若有擂撻之聲火光四迸龍之尾鬣歷歷可覩其鱗甲掀飄若扇然自黃安村而南低飛十餘里漸復入雲不見

十八年秋九月縣地夜震生白毛地於中夜震動民居皆搖詰旦人起視之地生白毛焉

正德六年冬十月虎至新市鎮鎮民聚觀有持械搏之者被傷四人其一人死

十年夏有龍游行楊水滙水中至敢山漾乃昇龍游水中村民有見者狀若大魚然是日雷電大雨如注

嘉靖二年春二月有蟲食桑時縣境之桑爲蟲所嚙十一都左右尤甚是歲葉價騰貴育蠶者大窘

四年春二月縣之西境雨雹損桑時東北境亦微隕雹桑芽亦有

被傷者然無若西鄉之甚是歲秋螟蝨食苗秋苗經大澇之後庠救甫定意謂薄獲矣至七月以後忽螟蝨叢生齧根吮膏禾之卒死者什四五嘉靖十七年虎入縣治越廨墻以北逸去是日辰刻忽一虎自簿廨躍出在官者譟逐之遂由衙道趨北越墻二重至徐氏後園登城踰塹而逸嘉靖十八年縣境有蝗蝗渡大江而南遂至縣境其陣若雲凡三四月乃南渡浙江多墜于水遺種在境隔歲復生然勢頗殺經二三年乃絕

園池

吳家園在新市鎮褒安橋之東狀元橋之南宋相吳潛所游也今歲代變廷園爲菜柘墳衍之區然汙池之中多得奇石蓋園之故物也

李家園

謝家園俱在縣之

新市鎮二園雖里俗傳呼泰未非林樾花果之地所謂李家劉家不得其人詳在當時非仕宦之題必里閈之豪也

西園在新市鎮西柵之南今棄稻遺[illegible]烟火連接按今小河之北本宋川劉府第川劉者後溪劉光祖也園蓋其樂地云

月龍池在縣西積谷山之下

墨池在新市鎮宋相游侶假山之東蓋掘地甃石而成者

浴虎池成化二十年虎書入慈相寺巡繞數四已乃至西偏之小池浴焉正德間台人施憲副槃寓寺中爲作詩紀其事號其池曰浴虎

清池在圓照庵西北西蘱漾南其水清瑩無底相傳有龍蟄焉好事者往往以小舟汲取用以烹藝味同甘井

丘墓

漢

被傷者然無若西鄉之甚

是歲秋螟蝨食苗秋苗經大潦之後存救甫定意謂薄穫矣至七月以後忽螟蝨叢生嚙根吮膏禾之卒死者什四五

嘉靖十七年虎入縣治越廨墻以北逸去是日辰刻忽一虎自簿廨躍出在官者譟逐之遂由衙道趨北越墻二重至徐氏後園登城踰壍而逸

嘉靖十八年縣境有蝗蝗渡大江而南遂至縣境其陣若雲凡三四月乃南渡浙江多墜于水遺種在境隔歲復生然勢頗殺經二三年乃絕

【嘉慶】德清縣續志

（清）周紹濂修　（清）徐養原、許宗彥纂

清嘉慶十三年（1808）刻本

康熙四十六年旱災蠲免

四十七年因災徵漕糧一半餘一半俟明年帶徵

四十九年免徵四十七年分緩徵漕米

六十年因災蠲免

雍正四年水災漕糧改折一半每石交銀一兩并准紅白兼收五年九月山水暴漲田畝被淹免受災處所應徵錢糧餘俱緩至次年麥熟催徵漕米每石以一兩二錢折徵

乾隆六年被水淹田蠲免地漕行月等米其蠲賸各

項照例按被災分數分作兩年三年帶徵

九年被水勘實成災田畝蠲免地漕截折等銀漕南

行月等米蠲賸各項分年帶徵

十六年旱傷兼蟲應徵錢糧分別蠲緩

二十年夏秋雨水過多查成災分數蠲免本年應輸

漕米暨漕項銀米其蠲賸幷勘不成災歉收田畝應

徵銀米分別緩徵

二十七年水災勘成分數蠲免

五十年因旱將應徵地漕錢糧緩至次年麥熟徵收

其漕米及新舊漕截等銀緩至次年收成後徵收帶運

嘉慶二年因災歉收應徵漕米緩至三年四年帶徵

九年杭嘉湖水災分別蠲緩德清縣蠲免銀六千一百三十六兩米五千四百石緩徵銀一萬六千五百七十兩米一萬四千八百石

以上偏災蠲免

康熙四十七年賑被水災民

六十年散賑

雍正四年水災奉

旨賑濟每大口給米一斗八升小口給米九升又續報災
民每大口給米一斗小口給米六升
五年水災奉
旨賑給每大口銀七分小口銀三分五釐
十年蟲災薄收知縣錢學洙詳憲動支倉穀礱米幷
勸諭紳士商民捐賑共米一千六百五十石零於城
鎮鄉村設粥廠五處委員協散後改給米一月
十一年截留漕米存倉平糶
乾隆六年因水賑濟先行折給籽本穀價補種雜糧

又奉

旨截漕加賑極貧兩月次貧一月口糧

九年因水災先行散給無力佃農籽本仍查被災戶

口分別加賑

十六年因被旱兼蟲先行折給穀價并賑一月口糧

十八年因旱賑濟

二十年因水加賑先行動項接給籽本賑糶頻施又

截留漕糧存倉備用

二十七年水災給籽本撫恤

三十四年因被災給籽撫鎮又於三十五年春知縣
與德奉文勸捐闔邑紳士商民共捐輸銀三千八百
五兩二錢於城鎮鄉設粥廠三處委員協賑
四十四年歉收知縣胡師亮於四十五年春詳
憲勸捐施賑
嘉慶九年水災奉
旨賑濟德清縣領銀一萬六百餘兩易錢散賑又領商捐
銀一萬五千兩於鳴因寺安國寺吉祥院三處煮粥

吳翯臯、王任化修　程森纂

【民國】德清縣新志

民國二十一年（1932）鉛印本

日星光聲虹

明嘉靖三十四年（續佚志）數日並出日光亦搖盪不定又天啓四年（續佚志）正月日數日無光日旁有數小日黑色上下摩盪

淸順治七年十一月朔午時日食旣盡晦恆星見康熙元年正月朔盡晦二十九年七月星隕有聲六十一年星霣有疾聲

乾隆十七年六月初六日黃昏時星霣有聲

道光二十一年秋大星霣於西南有聲如雷二十二年六月戊寅朔日食旣陰雲不見光盡晦

咸豐三年七月長星見北方八年八月慧星見形如帶自西北射東南小星無算月餘始隱九年八月十九日申刻紅光竟天十年二月初二日亥時天半隱

隱有兵馬聲從東北至西南又時聞天嘯十一年五月長星見
同治九年七月十九夜有大星隕於東南
光緒九年八月長星見東南形如匹練
宣統二年秋有長星見東南西人名曰哈雷彗星
民國五年臘月二十六日夜有黑虹亘於天際自東北至西南

雨

明嘉靖三十四年十月天雨赤豆萬曆二十五年二月初二日雨黑水雜以黃沙天啓四年正月十一日黑雨崇禎五年雨黑豆
清雍正十年正月天雨豆

水

明宣德七年九月烏程歸安德清長興武康久雨沒田正統五年嘉湖水災大饑正德四年大水民疫五年復大水疫甚萬曆三十六年大水大街去水尺許

近栅可移舟陸中歲大饑仙源後志

清康熙十三年五月至七月淫雨害稼歲侵十五年三月至五月久雨三十年六月淫雨害稼九月十二日新市河中水忽沸立高丈餘稷園俱有丈許仙源文獻

雍正五年七月初旬亢暘不雨十八日夜傳孝豐出蛟山水陡發安吉德清武康田俱淹沒

乾隆二十六年大水三十四年春夏淫雨連旬大水損蠶麥田禾淹沒秋無收三十五年春饑五十四年大水五十五年饑

嘉慶九年正月恆雨五月初至六月大雨田禾淹沒十年春又大水麥無收二十二年正月起至十一月霪雨間作無十日晴稻穀俱腐柴薪大貴

道光三年淫雨自三月至五月不止七月大水淹禾四年春大饑二十九年五月大水淹禾陰塘潰決民屑榆皮爲食三十年春饑米石錢六千餘鄉間向大戶坐飯新市鎮搶掠米舖八月十四五日晝夜大雨禾稼被淹

咸豐九年冬小南栅灘水匯而立丈餘高從栅門至南街邱姓牆門口既復退歸於灘新纂

同治四年夏秋雨禾遭損時以粵亂初平豁免錢漕

光緒八年七月二十二日大雨傾盆吳羌山泛洪天目水暴至禾盡淹無穫十五年六月二十四日起連雨七月二十八日風雨三晝夜險塘冲坍八月二十三夜大雨迄十月初八日禾盡淹爛免冬漕三十二年七月初二日至二十三日大雨狂風禾苗偃爛

宣統元年四月二十一日大雨連旬五月十三四日又大雨禾苗被淹二年五月至八月連雨田禾歉收三年閏六月十六夜大雨傾盆一週一日水漲七尺禾苗雜糧魚蝦均被災新纂

風

明隆慶二年正月元旦大風揚沙走石白晝晦冥自北徂抵浙江皆同

清康熙四年夏大風拔木拆屋秋饑十一年八月初旬大風雨降小蟲青黑色如蟻蠓又如蠅有足有翅飛蝕禾稼立槁氣侵蠶種爲空九月桃李華草木甲折蠶連出鯵民大饑三十五年七月二十三日傍午颶風大作飛瓦拔樹民居傾覆壓傷甚夥

乾隆十七年八月大風拔木

光緒二十一年四月某日午晦大風走石拔木發墓拆屋而北圩竟成巨災見北圩風災記

宣統三年閏六月十七日大風拔內紫陽觀清溪書院城隍廟北門外趙文敏祠大樹盡拔牆屋倒禾類傷均新縣

雪

明萬曆二十三年大雪平地丈許兩月雪凍不釋死者甚衆鳥隼狐兎虎狼俱凍死以歸烏長德四縣被災獨重准折漕糧之半

清康熙九年九月雨雪十二月大雪丈餘鳥獸乏食凍斃
乾隆五十六年正月大雪一晝夜堆積盈尺雪中有男女履跡各一兩兩相並
屋上尤多新市松嘉湖一帶皆然錄沈原國雜聞
道光辛丑二十一年十月雪十一月朔至初五夜大雪平地丈餘道路不通屋
宇壞者無算民有壓死餓死者
咸豐十一年十二月二十七日大雪至除夕止積深丈餘太湖冰凍次年元宵
後始解同治十二年冬多雪大寒
光緒十八年十一月二十七日雨雪冰凍積四五尺大寒文明塔至長橋河船
隻不通有行於冰面者至十二月初八日漸解拘新錄

雷雹

清順治十三年十月壬戌癸亥大雨雹嘆李杏盡花百舌復鳴鐵仙潭文獻
康熙十三年除夕雷電二十二年九月二十二日立冬夜大震電十二月初九

日大雷電二十六年三月十四日雷電雨雹如拳如卵禾麥俱損三十年十二月二十六日雷電上同

道光七年十二月大雪雷十六年正月初五日大雷電二月十五日大風雨雷電雹十七年正月初二日風雪雷電雹十八年除夕大雷電十九年正月雷大雨雪

光緒十二年雷殛新市巡司署槐樹初順治巳亥槐樹復蘇根在姬宅花臺下每值朔望必敬以香燭或在樹下溺即有恙禱謝方愈至是竟槁二十七年五月雷劈西門外關帝廟柱拘泰采訪冊

旱蝗螟蟊

清康熙十八年七月大旱六十一年大旱

雍正十一年夏大旱

乾隆三十三年大旱五十年大旱蝗自五月至七月不雨溝港皆涸苗盡槁

嘉慶十九年夏五月至七月不雨二十四年五月初八日一雨至於八月無雨
高田乾涸
道光二十三年七月旱螟食禾饑
咸豐六年六月大旱翁長橋河縣河皆涸山田無秋七年夏旱秋飛蝗蔽天傷
禾稼
同治十二年夏秋大旱田禾減收均新纂

地震　白毛　黑米等

明正德五年疫甚地震生白毛七年三月地震有聲
嘉靖三十九年四月湖屬地震屋廬搖動如舟河水搖激魚皆躍起
崇禎二年四月地震閏四月又震十二月又震歲大侵十七年春大疫民嘔血
輒即死地震生白毛
清雍正十三年七月二十日巳刻地震有聲自西來

乾隆二十年十二月卯末刻地震屋瓦自鳴

道光二十一年六月十二日地震

咸豐三年三月初七日地大震初十日至十七日復震月餘始止

民國七年戊午正月初二日午後地震自東南至西北

咸豐九年地生毛形似猪鬃

光緒二十二年地生黑米研末投火有硝磺性

宣統元年二月初八日戌初地震

民國二年癸丑二月二十七日戌初地震均新縣

物類

淸康熙三十年十二月新市屠姓刲豕腹中有一蛇方首銳尾色赤長四尺餘仙潭文獻

光緒十五年七月野豕自入城踰屋至於城隍廟神桌下殪之

光緒三十三年九月初七日鍾管之乾濟地方突來一虎色黃而斑村人環觀虎伏如故一無所畏衆以槍叉撲之噬死二人傷五人而逸

道光元年夏大疫後秋雞兩翅上俱生爪有五爪者皆飛空中民國舊稿

光緒初年務前胡大海本作雞生一卵色如凍石中有水搖之不破

民國元年新塘徐子漁家雞生一蛋有赭色五子登科四字

民國三年秋雞翼生距多者五爪以上動物類

相傳天順三年新市覺海寺觀音堂芝復生仙潭文獻萬曆二年芝生新市鎮周某寢室上同

清康熙二十年十月牡丹發榮上同

光緒初年枯柏樹村之枯柏樹有何首烏藤盤繞頂上一時哄傳有小童出現引動求方者甚衆乃以其貲建復土地廟未幾柏樹復榮藤萎尋其實樹顛榮枯本常事耳以上植物類（均參采訪冊）

火

清同治十三年四月初一夜城內大火自紫陽觀東首起沿河至張仙衙口焚德裕止市尾均燬上南四舖乃爲公橋

光緒二十一年十月初八日亥時南門牌頭街起至十字街口火焚去市房百數十間初火災屢見建離於湧秀坡鑄於呂祖乩示曰離防戌亥二年爲離八字明年甲午十二月初十日戌亥時又大火自十字街口起延及長樂務前直街長發當鋪止焚去房屋亦百數十間市面爲之蕭然富樂坊鑄公橋戌亥應時日二年應年火數有前定耶異歟（均採訪冊）

光緒三十年六月初三夜新市火自魚行街半行街後街北街朱家街關聖巷劉王堂前至如意街善祥典外止燬全市五分之二火頭四起力窮噴救大災也宣統初年新市西柵大火延燒至魚行街止（民國十七年新市八字橋市心大火延燒甚廣將半鎮河並燬盡汝成陸地十八年初夏治城南門鐵佛寺口起延燒至塘止火火惟荒隣由燬家甚多三晝夜以上兩事均出民國十二年以後縣修附錄（採訪冊））

【道光】武康縣志

（清）疏筤修　（清）陳殿階、吴敬羲纂

清道光九年（1829）刻本

武康縣志卷一

知縣事桐城疏篋重修

地域志一

邑紀

縣自漢初平間置永安縣越百餘年至晉乃名武康又三百餘年至唐乃改武州又三百餘年至宋乃統稱上縣逮我　朝疆理天下因元明之舊定爲中邑歷百八十餘年而山川如堵民物阜安則今之盛也中間沿革損益安危興廢代各不同而

分合之殊迹天人時事之迭更誰其主之其民之
生或樸而安業或詭而不親又誰其驅之長民者
小心昭事以宣　愷澤而察與情亦自有其道矣
古今大事昭然爰次述之以示立政立身之本

夏屬揚州防風氏國

按防風一作汪芒國語禹致羣神於會稽防風氏
後至戮之其骨節專車又曰汪芒氏之君守封隅
山者也爲漆姓史記作釐姓註封隅山在吳郡永安縣
隅今作禺吳興續志武康舊爲上縣本禹貢揚州

之域蓋古防風氏國也
周初屬揚州隸吳國泰伯五世孫周章封吳
元王三年越滅全吳隸越國
顯王三十五年楚滅越以其地立菰城縣爲春申君黃歇
封邑隸楚國
秦始皇二栗志作三十五年郡縣天下改菰城爲烏程縣隸會
稽武康屬之割以西境置故鄣縣即安吉州武又隸鄣
漢高祖五年定會稽屬會稽郡隸荆國十二年隸吳國
資治通鑑高祖以淮東五十二城立從兄賈爲荆

王爲黥布所殺乃立兄子濞爲吳王更以荊爲吳國

景帝二年改隸江都

晉書地理志帝封皇子非江都並得鄣會稽地蓋誅吳王濞而徙封也

武帝元狩二年江都廢復隸會稽

東漢順帝永建元年復屬吳

水經註陽羨人周嘉上書以縣遠赴會求分置遂以浙西爲吳郡東爲會稽郡

尉帝初平中置永安縣武康分縣始此

元和郡縣志童謠云天子當興於三餘之間故大帝分烏程餘不鄉置永安縣栗志初平間先爲吳郡太守許貢奏分烏程餘不鄉與餘杭二境置永安縣縣在今治西五里銀山銀山原名永安故名

三國吳黃武元年封朱然爲永安侯

永安元年封孫謙爲永安侯

寶鼎元年始隸吳興郡

栗志孫皓以吳之永安餘杭臨水陽羨及丹陽之

故鄣安吉原鄉於潛縣水悉注烏程乃合九縣爲郡名吳興郡名吳興始此是年吳興施旦劫永安侯孫謙

晉武帝太康元年改永安縣爲永康尋改武康屬吳興郡縣名武康始此

餘英志晉平吳以平陽郡有永安縣故改也改武康者以縣有武康山（即今銅官山）得名也改永康爲武康者以同惠帝年號故也歷宋齊梁陳均屬吳興如故

惠帝永興元年義陽賊帥石冰陷吳興知縣賀循起義兵

助前吳興內史顧秘討平之詳本傳

孝武寧康三年四月戊午甘露降庚申又降

懷帝永嘉四年封周贊武康縣侯

元帝永昌元年邑人沈充佐王敦陷吳興

明帝太寧二年沈充故將顧颺反

晉書颺反於武康攻燒城邑州縣討斬之

成帝咸和七年石勒僞將劉徵入寇據馬頭塢

安帝義熙中邑人姚係祖爲盜知縣朱齡石要斬之詳本傳

宋高祖武帝永初元年沈姓人刼掠邑中沈[illegible]之計殲其

首乃止

文帝元嘉三年邑人沈慶之佐武陵王[illegible]元凶劭

十年水賑卹

十二年六月水賜米穀

十三年二月甘露降董道益園樹

二十一年正月大赦浙江逋債在十九年以前一切原

除武康與焉

孝武帝孝建元年五月大水民饑開倉賑卹

三年七月庚午嘉禾生

順帝昇明元年邑人沈登之亂吳興太守沈文秀殺之

齊高帝建元二年大水

武帝永明元年邑民沈崇家石榴木生連理太守楊文崇

奏聞

四年富陽人唐寓之陷錢塘餘杭等縣邑中戒嚴

九年八月大水民饑蠲租

梁武帝中大通三年野穀生凡二十二處歲大稔

太清三年侯景遣賊黨入寇邑人沈子春築城鳳凰山

以守名牙門城詳古跡

簡文帝大寶元年封庾肩吾武康縣侯二年庾信襲爵

孝元帝承聖二年兵荒居民失所知縣殷不佞循撫之襁負至者日以千計

末年贈石靈寶左衛將軍武康縣侯

敬帝紹泰元年贈陳休光武康縣公

陳宣帝大業十二年詔吳興等郡卽年田稅並各原半其丁租半申至來歲秋登武康與焉

隋文帝開皇九年併入餘杭改隸杭州

粟志開皇元年罷天下諸郡九年平陳大加併省
廢吳興郡以餘杭臨安於潛合武康立杭州
仁壽二年復置武康縣改隸湖州
粟志復併武康又分烏程長城置湖州州以湖名
始此
六年中使蘇倫徙縣治於餘英溪南始在溪北
煬帝大業二年以安吉入武康復隸杭州是年湖州廢唐武
德四年復
末年邑人故湖州太守沈法興值隋亂起兵江表自立

吳興郡置安吉縣武康仍隸吳興詳本傳

唐高祖武德三年改置安州又曰武州

粟志沂州李子通破沈法興盡有吳興地和州總管杜伏威平之復置湖州領烏程一縣又以雄傑縱橫武康安吉長城各爲州安曰桃州長曰雉州武曰武州

六年僕射輔公祏陷湖州邑人執送丹陽

唐書公祏爲杜伏威長史伏威入朝公祏居守遂反趙郡王孝恭討之公祏叛走武康爲野人所執

送蘄丹陽

七年廢武州復置武康縣隸湖州是年始建學

高宗天授二年析武康地置武源縣

粟志卽今德清縣是時縣民戴德永奏武康東界

十七鄕後溪澤通舟楫饒魚稻竹箬桑麻之利請

析置一縣勅報從請

元宗開元二十五年從湖州屬江南道

粟志時分天下爲十五道湖州屬江南

天寶二年隸吳興郡

舊唐書是年湖州復改爲吳興郡

肅宗乾元元年詔浙江水旱百姓重困州縣勿輒科率武康與焉

二年隸湖州

舊唐書是年吳興郡復爲湖州

代宗寶應元年德清人沈皓與盜袁晁入寇

府志慶澄傳台州巨盜袁晁陷浙右沈皓等應之縣郭居民悉爲灰燼

穆宗長慶二年大雨

三年浙西旱武康尤甚

慶德二年復縣治於餘英溪北築舊城

名勝志袁晁亂刺史獨孤問俗使將軍辛敬順於金鵞山築城以守晁平復溪北舊址府志以右衛兵曹叅軍慶澄兼武康德清二縣修築縣北古城

昭宗乾寧三年隷忠國軍

粟志陞湖州爲忠國軍授刺史李師悅爲節鎮報其平黃巢功也

五代梁開平元年復屬杭州

府志是年錢鏐封吳越王四年鏐以錢鏢爲湖州

刺史割武康隸杭州

後晉天福二年吳越王錢元瓘赦境內租稅之半

開運四年吳越王錢宏佐令復境內租稅三年

後漢乾佑元年吳越王錢俶赦境內租稅每歲租賦逋者

悉蠲之著爲令武康均得免

後周顯德四年隸宣德軍

栗志改忠國軍爲宣德以錢偡爲節度使

宋太宗太平興國三年復隸湖州

宋書地理志湖州上縣武康三年吳越王錢俶納
土更置郡縣湖州屬浙西路武康自杭州來隸
六年四月罷織羅放女工
眞宗乾興二年二月饑貸廪粟
仁宗天聖四年知縣何湜遷學於餘英溪南
寶元元年荒民大饑
景祐元年隸昭慶軍改宣德軍
皇祐二年大水
四年蠲民所貸官米

神宗元豐五年久雨

徽宗崇寧四年水賜乏食者粟

高宗建炎三年金兵入寇學校燬

八年大水

紹興二十三年七月寬被水民夏稅

二十九年二月除流民公私逋負

三十一年免增丁所輸絹

三十二年蝗飛蔽天遍境內

孝宗隆興元年大水螟害稼

乾道三年知縣張端友命典史周粹中燬淫祠以修學

乾元六年大水

寧宗慶元元年正月蠲貧民身丁折帛錢一年

嘉定十一年六月戊申大水漂没官舍民廬田稼人畜

詔賑邺被災貧民

嘉定十年八月大雨水

理宗寶慶元年隸安吉州

齊東野語穆陵正位潘甫與弟壬丙舉兵濟王討

平之詔改湖州爲安吉州領縣如故

度宗咸淳十年大霖雨天目山崩水滅木居民漂没無算

德祐二年元伯顏由馬頭塢進破臨安獨松關

元世祖至元十三年屬湖州路

元史地理志是年改安吉州爲湖州路按撫司領

上縣五武康中

十四年隸浙江行省是年免絲銀

栗志是年改湖州路達魯花赤總管府浙西路改

爲浙西道以郭内四廂之地置錄事司隸浙江行

省

二十五年大水民鬻妻女易食詔輟上供米賑卹

二十九年六月甲子水免二十八年田租

成宗大德六年六月饑

文宗天歷元年大水没田

二年四月賑饑

至順元年大水没田詔賑饑

順帝至正二年大水没田

十六年張士誠陷湖州遣僞將潘原明自歸安埭溪入

青山姚塢二關陷縣治燬學校

粟志張士誠據湖州四縣地烏程歸安武康德清
易號吳興郡以其幕潘原明鎮之罷錄事司
十七年廣興翼元帥費子賢與潘原明戰於三里橋下
之復縣治
明洪武二年屬湖州府
粟志丙午年師下郡城定爲府隸浙江行省中書
三年知縣李大春重建學
七年大水
九年三月詔免今年租賦

十年減重租糧額十之二

十三年免田租

十四年改隸浙江布政司

明史地理志是年改隸浙江等處承宣布政使司

領湖州府縣六武康在府西南

二十五年知縣吳率正被遴邑人楊審七等赴部直之

詳本傳

建文元年蠲田租之半

永樂元年封徐理爲武康伯

二年六月水賑之十一月詔蠲今年租

三年三月命尚書夏原吉來治水九月免水災田租

九年七月淫雨沒田免今年租

十二年蠲水災田租

宣德七年九月久雨沒田蠲被災稅糧

天順八年大水民饑

成化六年四月水災免武康烏程歸安長興仁和六縣稅糧

七年八月水蠲租賑濟貸以牛種

九年四月水災蠲免稅糧

十八年大水民多漂溺

宏治四年十一月水災免秋糧有差

九年知縣郭祚議遷學於大慈菴未竟卒縣丞許英成之

十四年知縣易綱始修邑志

正德三年大旱河竭

四年大水民疫

五年大水歲荒民疫死者枕藉地震生白毛十月減夏

稅麥及絲綿有差是年邑民朱文顯捐粟八百石賑濟有司上聞名列西倉俞順捐粟千六十石朝廷旌爲義民

十一年盜起邑中戒嚴

姚志孝豐民湯毛九聚衆劫掠郡縣邑中訛言盜至奔走累日

十三年水爲災免夏稅有差

十四年水爲災疏聞知府劉天和議均我田賦爲官民兩則

嘉靖元年水爲災疏聞賑之

二年大水歲三至
三年大饑斗米百錢免糧稅
四年水渰田有蟲食稼殆盡十月免存留糧有差
茗志夏初大水民車救苗禾方盛忽有蟲蒼白色體不盈半粟小翅能飛叢集苗根節間嘬食之苗如火燔死捕之則飛躍散去復集人皆呼爲白癩
五年旱免稅糧有差
八年夏蝗秋螟
十三年水

十四年大有年

十九年蝗飛蔽天知縣陸奎章禱於城隍社稷不爲災

二十二年八月水免稅糧有差

二十四年夏四月至秋七月不雨旱饑大疫斗米百錢

二十八年夏大水不辨田禾秋復大水害稼詔免秋糧加賑

二十九年知縣程嗣功重修邑志

三十年安吉盜江天祥掠郡縣知縣王健却之詳本傳

三十二年倭寇浙遣諜來窺知縣秦禾獲送軍門詳本傳

四十年大水無禾撫按會奏較正德五年水大一尺武康報災九分成熟一分

四十一年冰

四十五年有山忽移數百尺

隆慶三年水爲災改折漕糧六分

四年十一月大水諸山出蛟詔免秋糧有差起免漕米暫派鄰邑代運仍發倉米賑之

五年麥一莖數穗十餘處

萬歷十一年知縣王懋中建開元書院

二十四年水照被災分數全半改折有差

二十六年九月水爲災

續文獻通考戶部覆撫按劉元霖方元彥奏被災七分之武康等縣准免四分於本年存留糧內照數蠲免

三十六年大水沒田民饑知府陳幼學疏請蠲郵改折漕糧

四十三年知縣周宗建禁開東山石宕（詳山川）

崇禎十三年夏大水秋八月蝗害稼（米價一石三兩有奇蠲免改折）

十五年大疫

國朝屬湖州府

順治元年盜起

前溪備志福王敗將姚于琢王烈祖盛桂等逃入

武康爲盜緩則虎負急則兎脫甚爲民害

二年　恩免人丁地畝錢糧拖欠在民者凡前朝加派

遼餉練餉召買等項永行蠲免窮民鰥寡孤獨篤廢殘

疾不能自存者該府州縣申詳撫按支豫備倉糧給養

貧生於學田內支錢糧賑給

四年　恩免起解戶禮兵工四部雜賦拖欠在民者凡

年老殘疾逃亡故絶丁銀悉與豁免窮民不能自存者
聽府州縣申文撫按支豫備倉糧給養貧生於學田支
銀米賑給兵民年七十以上者許一丁侍養免其雜泛
差役八十以上者給絹一疋綿一觔米一石肉十觔九
十以上者倍之

五年 恩免順治元年至三年民欠錢糧優老如四年
例

七年 恩免順治四年民欠錢糧

八年 恩免各省萬歷年間加派地畝錢糧三分之一

又各省人丁徭銀曾分九則者上三則免七分之一中三則免五分之一下三則免三分不分等則者三錢以上免半三錢以下全免又順治五年以前民欠錢糧悉與豁免貧生於學田支銀米賑給
十二年大旱　詔設廠煮賑
十三年　恩免順治八九兩年民欠丁糧
十五年　恩免順治十年十一年民欠丁糧
十七年　恩免十六年以前民欠錢糧
十八年優老如四五年例

康熙三年　恩免順治十五年以前拖欠銀米藥材紬絹
布疋各項錢糧
四年　恩免順治十六十七十八年各項舊欠錢糧
七年六月十八日地震是年知縣馮聖澤增修邑志
八年大有年石米六錢　恩免康熙元二三年民欠地
丁錢糧鰥寡孤獨無以爲生者令有司官將積穀賑濟
九年大水種苗三次無收
前溪逸志六月十二日夜楊墳水發漂没廬舍無
算按是年優老如順治十八年例被災漕白徵耗

及增貼錢糧俱行免徵其漕糧每石折銀一兩紅

白兼收

十年　恩免四五六年民欠地丁錢糧

十一年檄開礦銅官山諸生唐靖論止之是年秋蟲害

稼

舊志蟲青黑色如蟻蠓有足有翅飛食禾苗立槁

又有賊蠶子者種子盡成空殼民大饑部撫題請

漕糧照九年例改折其被災九分十分者每石折

銀七錢八分以下仍徵本邑起運

十八年大旱邑東盜起知縣韓逢庥平之詳本傳

十九年饑

二十年　恩免康熙十七年以前民欠錢糧稅銀

二十三年以浙江等省用兵以來供應繁苦　恩免二十四年漕糧三分之一

二十六年　恩免十三年以後加增雜稅

二十七年　恩免二十八年應徵地丁錢糧優老如九年例

三十年　恩免三十三年應輸漕米

三十四年　恩免三十三年以前積欠銀米

三十六年冬月以積穀賑濟鰥寡孤獨貧民

三十八年　恩免三十四五六年民欠地丁錢糧雜稅

三十九年蟲災

四十三年　恩免四十四年應徵地丁銀米

四十五年　恩免未完地丁銀

四十六年大旱　詔被災田糧照例蠲免仍動常平倉

穀賑濟

四十七年大水九月以漕糧平糶散賑

恩詔內開一閘浙江湖州府屬地方米穀失收民多逃散

著遣賢能司官作速賑濟毋致失所十月免浙江通省

地丁銀其舊欠帶徵銀米亦暫停徵十一月太學士馬

齊等覆　准杭湖被災漕糧本年徵收一半明年帶徵

一半

四十九年　恩免綫徵漕糧又免五十年應徵地丁銀

舊欠免徵

五十年大有年

五十二年九月出蛟大風偃禾　詔據康熙五十年丁

冊永爲常額續增人丁永不加賦優老如四十二年例
以積穀賑鰥寡孤獨貧民無以爲生者
五十七年九月十五日雨雹晩禾盡隕
六十年大旱照例蠲免仍將備賑米穀動支散賑
雍正元年大旱照例蠲免按口煮賑額徵漕米改折一半
照康熙九年例每石折銀一兩其徵收一半漕米紅白
兼收
四年大水没禾照例蠲免改折按戶散賑
五年七月十八日夜山水發漂没田禾巡撫李衛奏

准照例散賑十一月准武康等縣被淹田畝照例蠲免
錢糧緩徵漕米每石以一兩二錢折徵
六年加增蠲免之例被災十分者免七分九分者免六
分八分者免四分七分者免二分六分者免一分
七年　恩免本年地丁屯餉十分之三
九年四月二十五日地震
十三年　恩免十二年以前民欠錢糧十三年以前民
欠漕項蘆課學租雜稅優老如前例婦女年老者一例
優給冬月發積穀賑鰥寡孤獨貧民無以爲生者

乾隆五年十月初一日甘露降白洋塢泰州知州駱仕隆

墓樹

六年大水民饑　詔武康等縣被水災田畝漕加賑給

極貧兩月口糧次貧一月蠲免地漕等項銀米其應徵

者按災分數緩徵

七年正月大雪連旬平地丈許

九年　恩准武康等縣水災田畝照例蠲賑帶徵并緩

各年舊欠漕糧

十年知縣劉守成建前溪書院

十一年五月二十三日大風折樹

十二年　恩免浙省地丁武康免銀一萬七千六百兩三分五釐是年知縣劉守成續修邑志

十六年　恩免浙省地丁武康免銀二千一百四十六兩八錢七釐是歲旱蟲爲災巡撫奏　准折色緩徵給一月口糧

二十年　恩准武康等縣被災田畝撥給籽本留漕備用賑糶兼施照例蠲免緩徵

二十二年　恩免浙江乾隆二十一年以前民欠地丁

漕項武康免銀一萬二千九百七十六兩三錢六分七

釐一毫

二十九年大水平糶

三十一年奸民請開礦凝紫山

俗訛言銀子山封閉已久乾隆丙戌丁亥間有奸

民呈請開礦撫軍檄德清令阮芝生查勘不入山

徑謁上臺力言不便於民數事乃已

三十三年旱平糶

三十五年旱 恩免並供

四十二年　恩免正供

四十七年地震

五十年大旱河竭　恩蠲免錢糧動倉穀平糶

五十一年甘露降於銅山寺　大士

五十三年大水没田　恩蠲免錢糧自本年始分作三
年次第蠲免軍民年七十以上賞絹一匹綿一觔米五
斗肉五觔八十者如前例百歲者加賞大緞一疋銀十
兩

五十五年旱

六十年，恩免錢糧以本年爲始分年輪免並免積年

民欠因災緩徵地而稽種及出借社穀等項

嘉慶元年正月大雪深數尺竹木有凍死者

二年水

四年十月地震

九年水爲災　恩免錢漕撫卹平糶借給耔種并給賑

十三年大水損禾異蟲食竹葉竹多萎死　恩免錢漕

撫卹平糶

十五年蟲災

十六年旱　恩緩錢糧

十九年旱　恩免錢漕撫䘏平糶借給耔種

二十年地震

二十三年　恩免積欠地丁錢糧

二十四年旱　恩免錢糧

道光三年大水沒田河岸不分報災七分　恩免錢糧漕米又發帑勸穀給賑并勸殷戶助賑

【雍正】寧波府志

（清）曹秉仁等修　（清）萬經等纂

清道光二十六年（1846）刻本

附祥異

宋淳化元年奉化縣卒朱旺妻產三男

祥符七年正月明州獻芝草一本四莖

政和六年明州木連理

紹興十八年明州大水

乾道元年二月明州大寒敗百種損蠶麥

淳熙三年麥一穗兩岐鄞令獻於領郡皇子魏王圖上於
朝孝宗御札褒美

四年九月明州瀕海大風海濤敗鄞縣隄五千一百餘丈
漂沒民田

五年明州大水秋颶風駕海潮害稼

九年明州旱大饑種稑殆盡慈谿靈應廟忽產牡丹一幹
二花其一花紅紫相半而中分之香色異常經旬不散

十一年七月壬辰明州大風雨山水暴出浸市圯廬覆舟
殺人
十四年七月明州旱
慶元二年冬慈谿楊文元公簡後圃蔬莖連理籬楊殊本
而同枝又蓏生連實東園橘實亦並蒂一年四瑞公自作
記
開禧三年慈谿大蝗飛蔽天日集地厚四五寸禾稼一空
繼食草木亦盡至冬猶未衰邑遣人捕之且焚且瘞經春
乃滅邑人孫因爲蝗蟲辭

嘉定四年七月辛酉慈谿縣大水圯田廬多溺死者

八年明州大旱

十三年八月庚午慶元府肖舍災及寺觀民居甚衆

十四年中元瑞雲見於象山之西山上五彩間錯光華燦然令趙善膂繪爲圖士人歌詠之自是五穀豐登

咸淳元年雨鈔於鄞縣之姜山陳氏二日飛錢盈室

元至元二年慶元路慈谿大饑

六年五月甲子慶元路奉化州山崩水湧出平地溺死甚衆

大德六年六月慶元路饑
至大元年春慶元路大饑疫發鈔十萬錠賑之象縣同
泰定元年二月慶元路饑
至順元年七月慶元路大水
至正四年海嘯
六年慶元路旱
十年二月慶元路奉化州南山石開其大者有山川人物
禽鳥草木之文
十七年十二月丁酉象山縣鵝鼻山崩聲大如雷

十九年正月甲午鄞縣地震

二十一年明州松結實大者盈尺奉化州嘉瓜生瑞麥秀

二十一年象山縣竹穗生實如小米

明永樂二十年象山縣海溢陳兆塘壞

宣德元年象山縣野獸食人

十年大有年

正統五年象山縣野獸爲患人莫能禦七月望象山縣海溢

景泰七年奉化縣大饑

成化四年慈谿縣東北山鳴隱隱若雷乍大乍細迤邐至南而盡已而東北一區舉賢科十餘人傳云賢人出里社鳴

六年二月象山縣大雨白霧山林草木行人鬚眉皆白數日乃止

十四年象山縣潮溢海圩盡壞

二十二年奉化縣大水

弘治五年象山縣大水

十四年十一月象山縣大寒冰凍草木皆死百姓饑寒死

者相枕

十七年五縣大饑朝廷遣都御史王璟賫內帑銀賑之

十八年奉化縣地震鄞縣虎亂九月地震

正德二年慈谿縣東淸道觀之側山岡原有巨石竟寸餘盤陀附顛阜時忽墜於田有聲如雷偃仆畝間人不能舉傳爲旱徵次年果大旱

三年六月至十二月不雨禾黍無收民採蕨聊生不給至鬻男女以食冬大雪河冰不解草木瘁死民斃凍餒者甚衆

十三年七月奉化縣大雨連日洪水壞民田廬舍
十五年十一月鄞縣雷鳴地震
嘉靖元年慈谿縣南夾田橋之西忽漲一洲鏡圓而隆起
邑人向錦曰凡洲起爲魁元之兆今沙洲漲夾田慈谿其
出狀元乎明年癸未姚淶果狀元及第
二年八月象山縣大風雨海溢壞堤及廬舍溺人
五年夏奉化大旱蝗起禾稼無收
十三年七月海潮入靈橋門父老云當出魁解是年陳穆
果占解首慈谿縣夾田橋之東復起一洲明年戊戌袁煒

會元探花

十八年七月象山縣海溢壞田

二十一年象山縣大雨黃霧行人眉髮耳鼻皆滿

二十二年鄞戴鰲會川莊產黃芝九莖二十三年又產黃芝二莖二十四年枯竹生笋已而成林戴自爲記刻於石

三十年諸縣李樹生王瓜諺云李樹生玉瓜百里無人家已而果爲倭寇剽殺甚衆

三十六年夏慈谿縣南十里瀧浦鄭家有一人昏時起步室中忽濩然有聲若泥淖濺其股呼燈燭之乃血也衣盡

豬滿室沾濕出門試步畦町往往皆是當道畢奏人以爲倭寇陷縣之兆

三十四年十二月二十九日未申時日光暗有青黑紫色如日狀者數十與日相蕩俄而數百千萬彌天者半逾時漸向西北散去明年四月十一日倭陷慈谿縣

三十五年象山縣相木生花如雞冠麥與粟有一莖四穗者秋慈谿縣下墨雨

三十六年定海縣舟山地方獲白鹿於山中形色殊異時總督胡宗憲方提兵茲土有司以告表獻之慈谿四鄉多

虎白晝嚙人有巫降神於甘將軍廟聲訴虎患巫書符召
一虎入廟中妥伏戒諭之叱使去虎患遂息
三十七年三月有妖祟六人一老嫗四爲媳一爲女至象
山梁姓家托宿舉家俱無所見惟一幼子婦見而迓之相
與敘禮延入內室問答朗朗有聲茶畢婦啓曰家與尊客
素昧平生宅是何處老嫗答曰家居不遠世與宅上爲舊
戚今歲冬各遣女翁往嘉蘇貿易家之主特來相倚婦唯
唯備告於姑姑疑婦爲祟所惑急白於夫具牲醴賽之老
嫗等怒責之曰事急依人吾非鬼祟爲禍者何以牲物食

我冷婦熱而進之盤盂盡空夜邀婦同宿無異生人如此者半月餘始去旣而人詰其婦云老嫗雖耄而容儀修潔不常其婦女數人則世間所絕見者竟不知爲何怪云

三十八年慈谿縣南鄉有李氏婦一旦昏迷自食其子七月十一日五臺寺火寺在城東南隅郡命千戶尚文督造火藥於中是日日旰忽礮藥石臼洩火遂焰起所積火藥盡熾勢如爆竹轟雷震動天地石臼重數百觔騰舉如盂越數十丈始墮擊人身首飛舞空中死者凡百餘人尚千戶擊死於遠市居民之家一股折爲鄞縣典史江昊亦以

赴救而死

四十一年六月三日天日晴麗忽空中降白物大小如雪片晶光映日以手撲之隨滅自午至申而止鄞定皆然六月二十四日暮天西北當翼軫之度隕物如升子體圓而長上銳下大其色黃白下有紫赤色挾持之炎炎而隨瞬息大如斗精光四燭明徹毫芒將至地作躑躍狀光彩起伏者再後人來自淮揚亦有自閩至者所見皆同滋類占書所爲天狗但隋地不聞有聲耳

四十二年春有猛虎形如赤馬大鬣長尾尖嘴白面傷人

甚多

四十三年八月十四至十八夜月圓如望西滬潮溢二日不汐猛虎毒蛇傷死四鄉男女不可計

四十五年五月初一日昌國衛漁船網獲一兎次日獲一鹿又次日獲一虎二十二日颶風大發壞船百艘又岳頭漁船獲一石首魚重一百八十觔一鼇重二百觔

隆慶二年戊辰九月初五日申時有紅鷹攫東門一十歲小兒至觀風亭上其父急禱於元壇之神弃走獲歸兒自言見趙元壇鐵筒擊鷹始得活

四年正月十四日象山地震十八夜天降黑雨

萬歷初年六月十二日鄞天封寺誦法華經有林姓者與友狂飲塔上醉溺於塔簷白日閒頃刻雲生雷火擊死

八年彗星見西方桃李冬華五色虹見象山東門地震九月辛卯彗星見西方

十三年騶虞見於象山

十五年大水天童寺室宇皆漂沒舟行城市

十六年五縣大饑流離徧野民有以一子女易一餐者甚有懷百金田劵不得售而死者瘟疫繼之道殣相望

二十一年夜地震

二十二年正月朔震雷大雪至四三日止象山有魚一尾大如樓船不可方物

二十四年秋大水傷稼民多淹死

二十五年鄞學春祭兩燭之光聚而爲一是年秋張應完發解

二十九年定海關外忽有大螺放光如月是年定海總兵禱海神求救次日午刻關上忽水湧五尺因命兵卒鳴鑼擊鼓百砮齊發踰時始平說者謂龍奪螺珠得救而退云

三十年正月十三日象山民家產一犢如麒麟鱗甲皆具背有蓮花形主人駭爲不祥擊死五月縣城中忽有與人胸背各懸一鏡手執紅棍肩負紅袱兒童爭視之遂化青烟而去

三十二年大雨雹相搏擊如杵是年楊守勤狀元及第鄞縣開明橋余鶴卿家起火沿燒四街鶴卿閉室門焚死搶火者八十餘人自後白日鬼號行人畏阻儀部屠隆因於其處集僧衆大行法事鬼乃絕十一月初九夜地震二十九夜有龍臥於舟山

三十五年象山多虎日未晡即出噬人象令吳學周爲文禱於城隍次日有三虎一時俱斃

三十七年秋大水漂沒民居無算八月夜天隕星如毬在靈橋門內鹽塘滙陳姓家時天炎浮橋上乘涼者共見之次早往渠家見大石如盤光色閃爍人爭碎之各取一塊以歸

三十九年六月大水十月朔夜半彗星見東南約長三四丈其色白日出漸沒旬餘乃止十月望日洛伽山補陀寺遷入三昱爲海潮寺是日晡時寺中食鍋已爰米與水若

千鍾發炊矣忽懸浮五六寸凡一日許始漸下復其處越
歲閏十一月十九日諸寶刹及僧寮廚庫盡燬四十年壬
子十二月五日暨四十一年癸丑正月五日補陀寺鍋溉
亦如海潮
四十四年正月三日晝倏黯雪蹐空如傾封梁可一二尺
許或三尺許山中坎陷平填七八尺摧拉竹木無算時入
春十日歲裏雷蚤發聲而陰凍連旬不解人苦瘃瘃簷冰
長短垂垂如銀柵排戶貲項老翁咸詫訝未之見是年二
月某侍御以病乞歸所親餉之以鱉庖人將烹之鱉作人

語曰毋傷我湯既沸猶云尚可活否則爲禍不鮮庖人不告有密語於侍御者趨往觀之鱉已死矣因剖鱉腹視之腹中函一人長寸有半具體無缺某君大駭不旬日流焉

四十六年戊午七月大水壞民廬舍溺死甚衆秋彗星見經冬乃滅

天啟三年癸亥十二月二日申時地震

崇正元年每夜半有彗星見其芒長丈

十一年地震有聲

十二年有大魚自定海入鄞江趨如飛帆水爲起立至蕪

江之元貞橋復揚焄出海次年葛世振榜眼及第

十三年大旱閧傳地出觀音粉五縣皆有之饑民競取食焉其實卽禹貢所謂厥土白壤之類食之者多病腹脹

十四年十月朔日食既晝晦見星鳥雀盡返於林移時乃復

十五年大旱饑

十六年旱饑

國朝順治三年大旱自四月不雨至於秋七月是年五月二十九日太白晝見七月有星不計數自北而流於南

八年辛卯日下一星晝見歲大饑斗米五百文

九年有野獸跳入城羊首馬鬣牛蹄羊尾而身大如驢毛著褐色或曰此山羊也是年大師破舟山

十一年夏大旱河底拆裂冬寒江水亦冰經月不通舟楫有大魚入江亥年史大成以狀元及第

十五年三月大雨雹擊死牛羊桑葉盡折墜靡遺蠶多饑死

十六年日有大暈可一畝許五月海賊薄郡城遍東鄉大掠有乘舟避賊於東錢湖者忽龍風大作舟盡覆溺

十八年辛丑自五月不雨至於秋七月

康熙三年七月慈谿東鄉顧家衕於當午時忽風雨驟至木石俱拔一村廬舍盡蕩頃刻而盡磨礱碓臼皆懸之樹上

七年夏六月十七夜地震地上生白毛長者尺許形如馬鬣是年秋白虹横亘天上月餘而沒

八年秋八月大水一夕平地長數尺

十一年久雨禾將熟倏生蟲在根節間如蟻蝨禾穗多枯歲歉

十七年五月初九日未刻慈谿雨豆二十四日復雨
八月鄞江潮水大漲直至靈橋門
十九年二十二年五縣虎大横白晝食人冬十一月長星
見自西南横亘東北形如匹練自昏至夜半凡月餘而滅
二十年自四月至五月淫雨不止禾稼盡淹死農家多更
插秧自六月不雨至冬十月郡中井泉皆枯二十二年鄞
西鄉有白鶴山望春山山下皆有廟山多虎患是年三月
廟祝夢虎求食於白鶴山神不許求食於望春山神許之
白鶴山神怒曰為吾祀下弟子當植而疵之何得反以之

供虎食遂相毆擊皋春山神隨其冠纓早起見神冠果側
得一冠纓於田間自是西鄉虎患遂頓息夏大疫
五十三年奉化南鄉猛虎晝行噬人行旅苦之樵蘇爲絕
郡守李肅禱於奉之城隍司自後邑人連殺二虎而患絕
六十年奉化竹盡開花結實如大麥而細土人取食之
雍正元年寧郡大旱禱之無應有郡人宋魁先齋宿自祈
於天井潭遂投潭中死頃之雨大澍郡人義之祀於城隍
廟側
二年七月十八日海嘯

四年闔郡大有年

七年大有年

八年歲豐

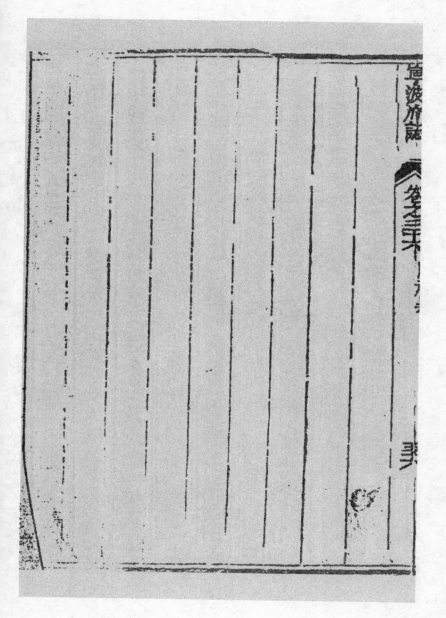

（清）汪源澤修　（清）聞性道纂

【康熙】鄞縣志

清康熙二十五年（1686）刻本

祥祲

東漢

建武四年戊子夏六月雷擊鄮縣羊五頭

唐

神龍二年丙午鄮縣雨毛 占曰邪人進賢人逝

宋

大中祥符七年甲寅正月丙辰明州獻青毛龜

文[illegible]四月又進芝草圖

政和六年丙申木連理

及寺觀民居甚廣
嘉定十四年辛巳旱蝗螣爲害
咸淳元年乙丑雨鈔于姜山之陳氏一日兩錢
盜室
元
大德六年壬寅饑
泰定元年甲子饑
至順元年庚午大水
至元四年戊寅海嘯

至正六年丙戌旱

至正十九年己亥正月甲午地震

至正二十一年辛丑松結實大者盈尺

明

正統十二年丁卯饑

弘治十八年乙丑虎亂九月地震

嘉靖十五年丙申雷鳴地震

嘉靖十六年丁酉正月游鱗詞入雲橋門父老

云當出魁解是年陳學果發解元

紹興十八年戊辰大水

紹興十九年己巳大饑

乾道元年乙酉二月大寒敗百種損蠶麥

乾道九年癸巳饑

淳熙三年丙申麥一穗兩岐鄞令姚栢獻于領

郡守魏王趙愷以其圖上御札褒美

淳熙四年丁酉九月瀕海大風怒濤敗鄞隄五

千一百餘丈漂沒民田

淳熙五年戊戌旱大饑

淳熙十一年甲辰七月壬辰大風雨山水暴出
没市圯廬毁舟溺人
淳熙十四年丁未七月旱
紹熙五年甲寅大饑人食草木
嘉定五年壬申正月丞相鄞人史彌遠入賀于
東宮馬驚墮地衣幘皆敗其額微損宋史列
之從革志以兆獻東宮之缺也
嘉定八年乙亥大旱
嘉定十三年庚辰八月庚午慶元府官舍災延

嘉靖二十二年癸卯戴太守鰲倚川莊產黃芝九莖明年甲辰又產黃芝二莖又明年乙巳枯竹生筍

嘉靖三十八年己未七月十一日縣治東南五臺寺火先是寺內千戶尚文督造火藥至是日晡忽碾藥石臼液火遂燄起灼幡幢旋及檐棟而所積火藥盡燬初如爆竹已如轟雷遠近屋瓦震動石臼重數百斤騰擊如盂越數十丈始墜下鄰墻之外焚擊死者百餘人

或膠屍于墻壁或覆首于城闉或飛舞空中或越街渡河或騎人屋脊而斃其他焦爛糜碎者不可殫狀尚千戶折一股死達市居民家縣典吏江昊以赴救亦死焉

萬曆十五年丁卯七月二十一日太白龍作風雨洪水作沉天童寺殿宇盡漂没尾石無存

萬曆十六年戊子大饑流離死亡沈明臣有妻兒換一飽歌夏秋又亢旱郡守張文奇郡丞攝鄞令龍德孚雩龍法縈露三日而獲甘澍

萬曆十九年辛卯七月十七日東北風大作雨如注海水溢直入鄆城鹹鹵所浸禾盡槁死

天啓元年辛酉熹宗嗣位流言中使四出歡選淑女且徵發婦護送一時民家徬徨避免草率婚配木以寄其女忽轉爲人婦本許爲人妻忽轉爲人妾或許甲而移乙或字幼而改長甚至髮始數十年之婦一旦再醮有輿僱盡鬻以倚代諸物騰價歷久不能平

天啓三年癸亥十二月二日申時地震

崇禎元年戊辰有彗星芒長丈許每夜半則見

崇禎七年甲戌旱饑民取南山白泥以食號傳曰觀音粉

崇禎十一年戊寅地震有聲

崇禎十二年己卯有大魚自定海入鄞江趨如風帆水爲之起立至慈江之元貞橋復揚鬣出海明年葛世振登榜眼及第

崇禎十四年辛巳十月朔日有食之既乃晝晦見星鳥雀歸林移時漸復

崇禎十五年壬午大旱饑

崇禎十六年癸未旱饑

國朝

順治三年丙戌大旱自四月不雨至秋七月是歲五月二十九日太白晝見七月有星不計數自北而流于南

順治八年辛卯日下有星晝見歲大饑斗米五百文七月二十五日酉刻有大星隕東南光燭牆室

順治九年壬辰夏有山羊越城而入

順治十一年甲午夏大旱南郊行祭露法三日得雨有風雷捲壇之異是冬寒甚江水亦有冰者東錢湖中流有舟倏凍數日不解舟中人皆餓死樹木枯殘無算是歲有巨魚從海入江昂首躍波次年兆史大成狀元及第

順治十二年乙未夏大旱

順治十四年丁酉夏六月大風雨水沒隄岸寒可御裘

順治十五年戊戌三月大雨雹擊死牛羊桑葉盡折蠶多餓死

順治十六年己亥日有大暈下視圍廣畝許

順治十八年辛丑自五月不雨者三越月

康熙三年甲辰大雨雹彗星夜見

康熙七年戊申六月十七日夜地震地上生白毛長者尺許形如馬鬃是秋白虹横亙天上隨月而沒

康熙九年庚戌五月十六日五色彩雲見是冬

大雪始十二月十三日迄二十七日少霽

康熙十年辛亥正月二十八日雪中震雷燗電

是夏大旱

康熙二十六年丁卯夏秋大旱郡侯李公煦步禱天井龍虔行綮露法于西壇隨得大澍雨晝夜飛捲壇儀河疇盈溢轉歉成豐序刻綮露彙解木郎神咒致謝

鄞縣志卷之二十四終

【民國】鄞縣通志

張傳保修　陳訓正、馬瀛纂

民國鉛印本

歷代災異類表

何謂災水旱螟蝗風雹地震海溢疾疫皆是也何謂異氣候失正節物乖常是也二者何以紀以其有害於民生觀風者所當先也表而出之藉故蹟以謀救濟是在縣之行政者

時代	年別	水災·淫雨	水災·山洪	水災·海溢	水災·其他	蟲災·螟	蟲災·蝗	蟲災·其他	旱災	受災原因不明之饑荒	癘疫	冰雹	地震	節候之變	其他	備註
唐	文宗開成四年									饑						饑較甚于歉
	同五年										疫					
宋	高宗紹興十八年				水											
	同十九年									饑						原闕不明
	孝宗乾道元年									饑				二月盡復寒作		此云寒作并包寒氣
	同九年									饑						

	1	2	3	4	5	6	7	8	9	10	11	12	13	14	15
淳熙四年			五月九月二次大汎濫												壞堤塘數千丈漂沒民田廬舍
同五年								大饑							凡云大者甚之之詞郡荒也
同九年								秋旱稼幾絕							
同十一年		七月大水入市													
同十四年								七月成災							
光宗紹熙五年			秋颶風括海害稼												是年人有食草木者
寧宗嘉定八年			旱饑蝗生癘疫民艱食												
同十四年					旱蝗螟生成災										
元　世祖至元二十二年秋				大水											
同二十九年									大饑						
成宗大德六年									六月饑						

同十一年									饑						
武宗至大元年									正月饑	春有疫					死者甚衆
英宗至治二年						發生時無考									
泰定帝元年									二月饑						
文宗天歷二年									四月饑						凡云正二四月饑者皆上年歉收至是艱食也
至順元年				閏七月大水											
順帝至正四年			海嘯時無考						饑						海溢傷禾成災
同六年								旱時無考							
同十三年								大旱							
同十九年												正月甲午夜地搖屋			表中所載地震皆未成災

明

成祖永樂十一年										七月疫					郡屬五縣皆染
英宗正統九年										冬疫大作					
同十年								春旱		七月疫					因久旱而起疫
同十二年									荒						饑之甚者
同十三年									饑						
景帝景泰三年									災						云災似亦指水旱
英宗天順元年								六七月旱久苗枯							是年災區極廣杭金嚴皆然
同四年	四五月霖潦傷麥禾														
憲宗成化十三年									災						水旱間作
孝宗弘治十七年									大饑						成災在上年九月來屬五縣皆然
同十八年												九月癸己震有聲			

武宗正德三年								六月至十二月不雨民食艱絕					冬大雪眾苦寒木鄉死		凍餒死者極衆
同五年				十月大水											
同六年			十月颶風大作					夏亢旱							
同七年			海潮淹溺村落						乏食						乏食同上年縣民
同十五年												十一月地震有聲			
世宗嘉靖三年									歲凶						原因未詳
同五年								旱災無考							
同十五年												瘟疫時有無考			
同十六年			七月潮入鄞縣門												
同二十四年									大荒米升錢一錢						旱疫廣區饑相繼
同三十六年														七月八日颶風	

同四十一年													六月三日雨雹		
穆宗隆慶三年				大水											縣西風急潮從海合溜溪入杭源溪
神宗萬曆三年			六月大風潮汛溢												杭嘉紹亦然
同十五年	秋霖霪逾旬	太白山洪暴發天童寺殿淹沒無一存者舟可從城上行	七月大風驟起潮汛溢害人畜田廬												縣西長潮軍廟基陷鎮溪
同十六年	春雨不止麥苗盡爛							夏秋亢旱民子有以一女易鈔者							是年吳越燕齊秦晉南北並饑
同十七年			六月海溢潮入城市												寧紹各縣皆然
同十九年	七月中大風雨不止海潮入城														
同二十一年												饑時失考			

同二十三年						正月朔震雷大雪至初三日止	
同二十四年	秋大水						
同二十六年	九月大水						全省大水鄞被災九分
同三十二年				大雨雹	十一月雷		
同三十六年			大饑民多餓死				
同三十七年	秋大水						
同三十九年	六月大水						
同四十四年						正月三日大雪積深倍常	
同四十六年	七月大水						
熹宗天啓三年		夏旱			十二月二日雷		
同六年	七月大水						

同七年		風雨作山崩石裂														
莊烈帝崇禎元年				七月大風雨												
同七年								旱時無考								民至[illegible]食南山白泥所謂觀音粉也
同九年								大旱								
同十年										秋疫大作	蝗大如升傷農害時無考					連年饑貴人爭取觀音粉充飢
同十一年								七月旱				[illegible]有聲			六月大風	
同十二年				大風												
同十三年								夏大旱								
同十四年								旱成災								
同十五年								大旱饑		春夏之交疫大作						

同十六年		旱饑			
世祖順治三年		四月霪七月不雨			
同五年			四月[illegible]		
同六年		旱			
同十一年		夏大旱		冬寒河冰經月不通舟楫	
同十二年		夏大旱			
同十四年	六月大風雨壞塘岸			夏霪雨傷禾	
同十五年			三月大雨雹傷麥苗		
同十六年					五月颶風
同十八年		夏三月霪雨			

清

聖祖康熙三年	同四年	同七年	同八年	同九年	同十年	同十一年	同十七年	同二十年	同二十二年	同二十六年
								夏雨彌月		
			八月一夕平地數尺				潮入城門			
				六月大水						
						蝗生禾熟時				
					夏颶雨			秋旱泉竭		夏秋大旱
									疫時癘考	
大雨雹時失考										
		六月夜雹								
					春雷中霹靂					
十二月雷颶電日	五月大颶傷人畜									
						是年大歉				

同三十八年				水成災											
世宗雍正元年								大旱詩無考							
同二年			七月海塘決												
同五年		七月洪暴發													
高宗乾隆九年		七月湖暴漲													轄寒十一二閘報教番
同十二年				秋潦水				夏旱							官發不成吳儀給野本
同十六年					蟲食禾心										以夏旱故
同十九年		八月大雨積潦發洪水													淹田二十餘頃壞民舍百餘間
同二十三年				秋潦水											
同三十一年											五月常雨水災				
同三十五年				秋大水											

同四十六年											六月颶風竟夕		
同六十年										冬大寒失常			
仁宗嘉慶三年								旱					
同四年											夏霰有聲		
同十三年									饑				
同二十二年			潮入城市										
同二十四年								夏大旱					
同二十五年										秋大疫			[illegible]
宣宗道光十三年									饑	疫民多死者			
同二十三年		八月大風雨太白山崩東錢湖漲水高平地五六尺											

同二十六年	同二十七年	同二十八年	同三十年	文宗咸豐二年	同三年	同四年	同五年
			海水出平地三尺				七月雨久潮決
						十一月午潮驟溢三四尺	
	正月雷四月不雨			旱			
六月有[illegible][illegible]傷[illegible]	十月[illegible]有[illegible]			十月雷[illegible]	三月七日雷八月九日[illegible]十日十[illegible]日[illegible][illegible]又[illegible]		正月中旬日[illegible]二月又十[illegible]月[illegible]雷
		正月大雷雨					

同六年						夏秋蝗秋南[illegible]饑[illegible]野								
同九年							夏有蝗食禾							
同十年								夏旱						
穆宗同治五年												四月霜		
同十年							蝗	夏亢旱						
同十一年								夏大旱秋蝗害稼南鄉特甚[illegible]不登						
同十三年		七月大風雨山水暴下害人畜無算								八九月大霪雨害禾稼				
德宗光緒五年								夏大旱禾稼不登[illegible]						
同十年				夏旱蝗災雨										大風[illegible]百餘[illegible]鄉[illegible]死[illegible]九千餘

同十三年	秋大疫死者無算		
同十五年	八月中大雨不止	水患[illegible]傷禾	
同十八年	八月大水	十一月寄莊江河冰凍	是[illegible]飛來遮林[illegible]多
同二十四年	三月十三傍午天黑一小時		
同二十六年	三月十日巳刻天黑如[illegible]夜	是日天晴未幾以前日光[illegible]暗	

右表據舊志增補闕載必多又前人惑於占驗所志以祥異爲獨詳歉荒原因反往往失實如所謂水災所謂蟲災僅籠統言之又不詳其受災輕重及災區廣狹故不能依據以爲統計要之所志皆非尋常偏災也專制之世歲之豐歉亦關考成即遭凶年地方官多匿而

不報志書之失實以此舊志大事記所載之災振與祥異門互有出入凡振必在被災年後云某年振者非必某年災也又歷代災振宋以前失考清世不輕蠲貸䘏政不及元明茲分代別著之如左述

（附）元明兩代災振略述

元世祖至元二十九年慶元大饑發粟四萬石振之

案舊志祥異門載是條乃錄自袁桷清容集者而大事記不載夫既稱大饑且由行省發粟知非尋常偏災元史拜降傳亦載其文知請振之必有其事而大事記不載者以其未達朝廷屬地方官例䘏故也惟大事記引成宗紀有大德二年發慶元糧五萬石之文而祥異門不載其時災情無故發粟貸民似屬可疑恐即至元二十二年事史誤以爲二事也證以清容之言傳似較紀爲可據

成宗大德二年四月發慶元糧五萬石減其直以振饑民

案此云減直即平糶法也縣境土瘠人衆歲常不足故發粟貸民而

輕其直與振法不同

又六年慶元路饑振之十一年慶元路饑以鈔糧鹽引振之

案此云鈔糧鹽引振者以兩課所入移振也

武宗至大元年慶元饑死者甚衆饑戶月給米六斗十一月免田租

案敬止錄是年春大饑疫發鈔十萬錠振之既曰春振則知非本年之災因年前歉收艱食故也

泰定帝泰定元年二月慶元饑發粟振之

案饑在二月亦年前之災也自至大迄是巳二十年史闕有間受饑之原因莫得而考矣

文宗天曆二年四月江浙行省言慶元路饑當振糧從之

案亦年前之災

至順元年閏七月慶元路大水詔江浙行省以入粟補官鈔及勸率富人出粟振之

案七月大水則本年災也縣面海背山多暴洪海沸之患故歷來災情以水爲甚振之法亦較備

順帝至正四年振慶元饑民

案是時四方兵起民失常業此云饑民恐大半流亡之屬不盡出於災年也

明英宗正統十年七月甯波疫免死者所負租稅

按是年春旱七月疫知疫由旱作節候失正所致也凡疫常起于饑年況是時倭寇方作上年冬又曾遭大疫重要之下民力殫矣此云死者當非盡出於疫也

景帝景泰四年七月蠲甯波去年被災稅糧

案自正統十年至是已八九年無一歲不以荒歉聞而獨免三年者以其災情較重也

英宗天順五年六月免甯波去年被災田糧

案四年四五月潦麥禾俱傷

憲宗成化十三年正月以水免甯波去年秋糧

案此云正月以水者當是上年之災至正月始蠲賦也

孝宗弘治十六年九月甯波旱遣都御史王璟巡視振濟

案或作十七年凡云甯波者非鄞一縣也

又十七年二月免甯波衛糧子粒有差

案此當與十六年同一災因云衛者指衛田也

武宗正德五年十月以水減甯波夏稅麥及絲棉有差

案減稅及麥絲皆春作物知是年水災不僅在十月又案蠲免諸卹政皆屬重災而正德三年不雨至半載之久民粥子女以食災情可謂重矣竟未及振施何也恐史缺有間矣

又七年十月以水旱免甯波稅糧仍命海潮渰溺地方鎮巡等官區畫振濟

案旱在上年是年十月又颶風海沸至民間乏食故有是振云十月以水旱者併言之也

又八年十一月免甯波秋糧

案災因未詳恐即上年水旱之故

世宗嘉靖五年十月以旱免甯波稅糧有差七年正月免甯波稅糧有差

案七年免賦災因未詳而朝命在正月當是上年間之災

又三十六年十二月免甯波等府被災稅糧

案災情未詳此云免被災者則知有未被災者矣當是偏災非概免也與上五年七年之免賦不同

穆宗隆慶三年以水災免鄞縣存留錢糧

案此云存留錢糧者即其時尚未收足之糧也

又二十六年九月浙江水鄞縣被災九分准免六分於本年存留糧內照數豁免

案免糧十之六也

民國以來災歉概表（尋常水旱未成災者從略）

年別	災之起因	災之善後	附述
九年	七月中大風雨驟作日夜不止四明諸山間時石崩蛟發洪水驟至建下所過村落廬舍道路橋梁立毀淹溺人畜不可算數皆山諸鄉皆及其災而大咸鄉尤甚後二月暴洪又作其禍雖不如前次之烈然蒙災之下民生凋矣	災後大咸鄉人士約集各鄉組織會商善後辦法由會呈請省長等派員查勘籌予救濟選尹會長廣福林希孝芳吾州楊葆彬主要濟商號欵與在滬捐募得一萬七千餘金擬飼災戶將實有業產損害者照數給發及衆建築物	先是鄞江橋所轄地方村屋乘臨溪橋岸危甚鄉人陸續築塘之議後發及皆乃倒從設堤岸之該出私金貸以爲災之救數材費工然則與作此塘岸險災難下庇能不與民衆之關係有賴之功也
十年	上年山洪所毀隄工程尚未恢復而災又作九月中暴風雨竟夕洪水從山而下較上年尤甚近山各村無不被害塘圮岸崩田廬人畜隨流而逝鄞江橋以上村落尤受災最重有一家八口同時淹沒者更有堤防斷絕沙石壅阻處處皆是誠百餘年未有之奇災	鄉賢人周炳文一家遭難慘死僅炳文與二子客滬未及難炳文於災後立誓曰吾必有報死者乃出私金於衆與老堤鄉議定得數萬金用工振法以爲防洪道路橋梁等高岸且立嗣田備三年修理永久之利	後二年始成立增何工程處設計施工凡五年用金二十萬以詳見工程志
十一年	是年水災前後凡六次以八月中爲最烈東鄉五鄉碶一帶災情尤重西鄉以鄞江橋爲最皆暴洪所至本水退後被害較上年爲輕然大咸區及鴻議鄉災矣	在大咸區乃由縣政府委派救濟鄞江區則周炳文繼續辦工振以工代賑水利設各工程又是年各區被水災者由華洋義賑會之力云	大咸民力薄弱不及鄞江之殷實故僅辦工振猶不足以濟災戶鄞江民有餘力架設石少數災民個人捐資以工代賑云

二十三年

浙江向無三化螟蟲自十六年始見于浙西後逐年傳播漸及寧波各縣本縣吾早晚稻有蟲害田禾減收尚不足言與二十二年之致患已較前為重至本年自四月不雨直達中秋後始稍有雨且每日亢熱非常故老謂從來所未遇及秋中雨足禾穗方結實而蟲害突發其蟲形態似三化螟蟲而有特殊異點三一所生吐絲平繞禾上二所食不限禾本科植物蘆荻茭蔗等亦受其害三至翌年春尚潛伏田作物不入土成蛹故其為禍甚廣甚者不登淺者亦僅三四分收成而官中只報稱減有一分災乃未脫官中舊習云

蟲後各縣紛紛報災民政廳委員赴勘覆明知災重因賦額過鉅僅以受災一分上奏請觀蠲不過虛免何況救濟農村至是破產流亡甚眾鄉民有食糠草根樹皮者觸目皆所為商市亦隨而蕭條又蟲蝕穀稅不可收拾甚富農亦不得免其生計況其下者

本年早禾收成尚不惡晚收時末發生蟲害也

（明）錢璠修　（明）倪復纂

【嘉靖】奉化縣圖志

明嘉靖十四年（1535）刻本

幾社志叙畧

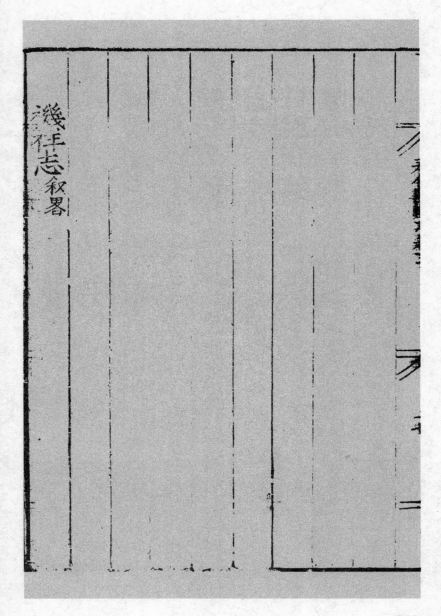

夫祥禎妖孽見於天地間者或以示天心之仁愛或以開治亂之機先其可以無紀乎奉化固一邑也然豈無關於廟堂之休戚而當致恐懼脩省者乎況夫古人謂螟螣之應皆吏政之失則禨祥固亦有關於為令之政體者特以舊志不載無可考者姑因國史之所存父老之所傳誦及耳目之所睹記者志之作

禨祥志

唐

宋 俱無考

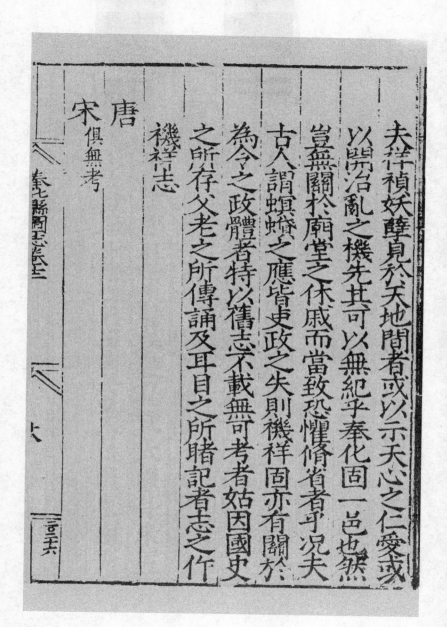

元

至正庚寅奉化州山石裂見元史

嘉辰瑞麥生見知州李樞去思記

國朝

景泰丙子大饑餓殍載道

成化丙午大水

弘治乙丑地震

正德丙寅正月民間訛言妖眚至每夜人各持兵器火爐以備之

戊辰六月至十二月不雨禾黍無收民皆採蕨聊生

戊寅七月大雨連日洪水壞民田廬舍

庚辰地震

嘉靖丙戌夏大旱蝗起禾稼無收

甲午七月大疫大風拔木水涌山澤蕩田地廬舍漂溺男女不可數計　大饑

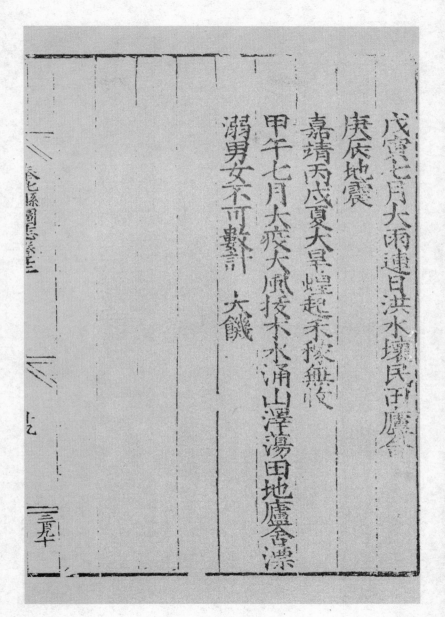

【光緒】奉化縣志

（清）李前泮修　（清）張美翊等纂

清光緒三十四年（1908）刻本

奉化縣志卷三十九

祥異

梁

貞明元年大疫忠義志

宋

淳化元年縣卒朱旺妻一產三男曹府志

元

至元六年五月甲子山崩水湧平地溺死甚衆曹府志

大德十一年歲歉忠義志

至正十年三月南山石開其大者有山川人物禽鳥草木之文嘉靖志

明

洪武二十一年鄉賓邬儒宗金溪停山人壽一百十一歲邬譜是年嘉瓜生瑞麥秀舊府志

景泰七年大饑餓殍載道乾隆志

成化二十二年大水乾隆志

宏治七年民人胡仕江妻張氏城內人壽百有三歲胡譜

十七年大饑朝廷遣都御史王璟賚內帑銀賑之嘉靖志

十八年九月三日地震乾隆志參忠義志

正德元年正月民間訛言妖眚至夜各持兵器備之乾隆志

三年六月至十二月不雨禾黍無收民採蕨聊生至鬻男女以食乾隆志參舊府志

十三年七月大雨連日水壞田廬乾隆志

十五年地震乾隆志

嘉靖五年夏大旱蝗起禾稼無收乾隆志

十三年七月大疫大風拔木水壞田廬漂溺男女無算歲又大饑乾隆志

隆慶元年歲大祲忠義志

六年大疫忠義志

萬厤十六年大饑乾隆志

三十二年十一月地震箱環自鳴乾隆志

三十九年六月大雨山崩十月朔夜半彗星見東南長三四丈十餘日乃止歲大歉乾隆志參忠義志

四十六年七月大水壞民廬溺死男女無算秋冬彗星見乾隆志

崇禎十年大饑乾隆志

十一年地震乾隆志

十三年大旱閘傳地出觀音粉饑民競取食焉其實即禹貢所謂厥土白壤之類食之多病腹脹曹府志

十六年民人馬志圖妻張氏長壽方橋人壽百有一歲采訪

國朝

順治四年大旱忠義志

六年大饑餓殍載道乾隆志

康熙十九年孛星見西方長竟天月餘而沒是年虎白晝食人乾隆志參曹府志

二十年蝗食禾稼秋冬無雨民多以米易水乾隆志

二十一年大雨雹自銅山至屏山壞禾稼二十里乾隆志

二十八年六月大風雨大木盡拔忠義志

五十二年忠義鄉山生白鵶是年旱忠義志

五十三年南鄉虎晝嚙人行旅苦之樵蘇爲絕郡守李肅禱於奉之城隍司自後邑人連殺二虎而患絕曹府志

六十年大饑竹箭生米土人取食之忠義志參曹府志

雍正元年旱大饑忠義志

二年民人董陞陞妻俞氏剡源斑溪人壽百有一歲剡源志

四年大有年曹村志

乾隆三十一年民人葛世興連山人壽百歲采訪

三十六年民人趙有積妻黃氏剡源三石人壽百有一歲剡源志

三十九年民人陳開榮金溪東陳人壽百歲采訪

四十年民人董繼爽妻蔣氏連山栲溪人壽百有一歲采訪

六十年民人翁景塏大橋人壽百歲采訪

嘉慶五年民人鄔美章長壽橋人壽百有一歲采訪

九年千總王佝勉妻黃氏大橋人　壽百有一歲采訪

十六年民人楊有定妻蔣氏忠義楊村人　壽百有六歲忠義志

二十五年七月大水剡源志

道光五年自九月雨至明年正月民多凍餓死忠義志

十三年夏旱秋大水餓莩相枕民多採草根木皮并糠屑以療飢

冬大雪剡源志

十五年夏大旱七月大風雨塘隄盡壞忠義志參采訪

十六年有秋忠義志

二十三年夏大旱秋大水颶風拔木壞民廬無算歲大饑忠義志參采訪

二十五年夏大大水采訪

二十六年夏旱冬大雪平地至五六尺剡源志　是年民人竺家祥連山小嶌竹人　壽百有一歲采訪

二十八年七月大雨雹剡源志

三十年夏大旱八月大風雨剡源志

咸豐元年夏旱秋大水漂沒田畝無算剡源志

二年十二月地震有聲剡源志

三年旱六月大水剡源志

四年大有年秋大疫剡源志參采訪

十年六月地震采訪

十一年六月沈家巖俞從寅家產白象三日而斃十二月大雪積四五尺剡源志

同治二年民人翁宗翰大橋人壽百歲采訪

六年介賓汪述發妻劉氏大橋人壽百有一歲采訪

十二年正月丙午二十六日日赤無光是日

毅皇帝親政自春季不雨至七月始雨秋冬復旱歲大饑剡源志參忠義志

十三年秋大疫忠義志　是年民人陳如軽縄妻朱氏西溪人壽百有一歲采訪

光緒元年十一月二日大雷是冬多病瘟忠義志

二年五月有紙人剪髮訛言被剪者百二十日死後俱無恙忠義志

四年有秋九月民人吳學文妻忠義吳江涇人一產三男忠義志

七年六月大水颶風拔木壞民廬秋痢劇是年狗熊食人忠義志

九年七月大風雨海嘯塘隄盡壞秋疫忠義志

十年四月雨雹忠義志

十一年二月四日黑霧飛騰自西北過東南七月大水忠義志

十三年六月大疫至九月止死者相枕鄰里親戚不通聞問十二

月晦日雷忠義志參剡源志
十四年元旦雷剡源志
十五年夏苦熱傷人秋淫雨禾稼減收忠義志
十七年正月雷秋大水冬大雪十二月雷忠義志
十八年六月旱至十月始雨歲大饑冬奇寒酒凍忠義志
二十一年民人陸伯宏家產四足雞夏秋大水又大疫剡源志
二十二年夏四月淫雨秋大稔十二月晦日雷電交作是年民人
竺藩廸妻沈氏剡源村人董壽百有二歲剡源志
二十六年三月十一日辰巳兩時晝瞑如夜秋大旱冬雷忠義志
二十七年六月二日雨雹其大如盌北溪等處屋瓦俱碎剡源志
三十年十月八日大風壞廬舍
三十一年春淫雨至仲夏乃止八月三日夜颶風拔木民廬塘隄

多壞